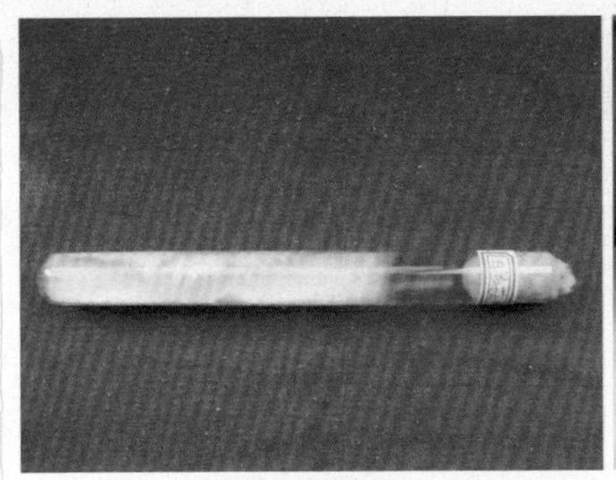

白参菇母种（段 毅 摄）

白参菇液体菌种（段 毅 摄）

白参菇栽培种（段 毅 摄）

人工拌料（段 毅 摄）

小栽培袋（段 毅 摄）

原基形成（段 毅 摄）

菇蕾形成（段 毅 摄）

白参菇的生长过程（段 毅 摄）

白参菇的生长过程
（段 毅 摄）

白参菇的生长过程
（段 毅 摄）

采收的白参菇（段 毅　摄）

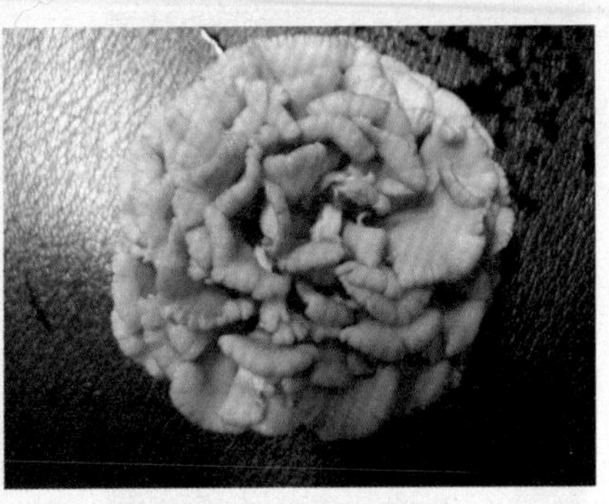

采收的白参菇（段 毅　摄）

成熟的白参菇（段 毅　摄）

袋栽白参菇（段 毅　摄）

瓶栽白参菇（段 毅　摄）

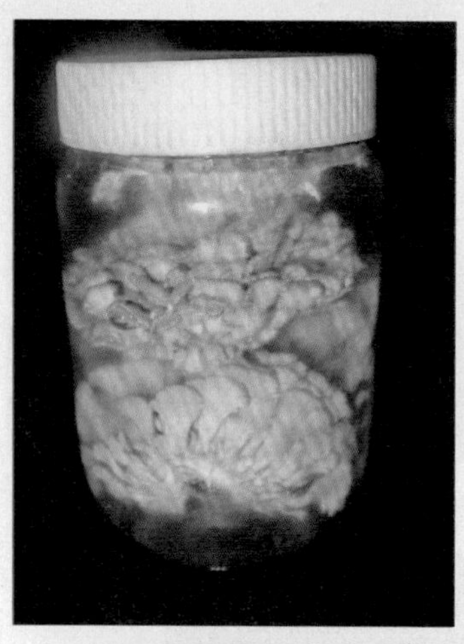

白参菇罐头（段 毅 摄）

袋装白参菇干品
（段 毅 摄）

箱装白参菇
（段 毅 摄）

待烹用的白参菇鲜品（段 毅 摄）

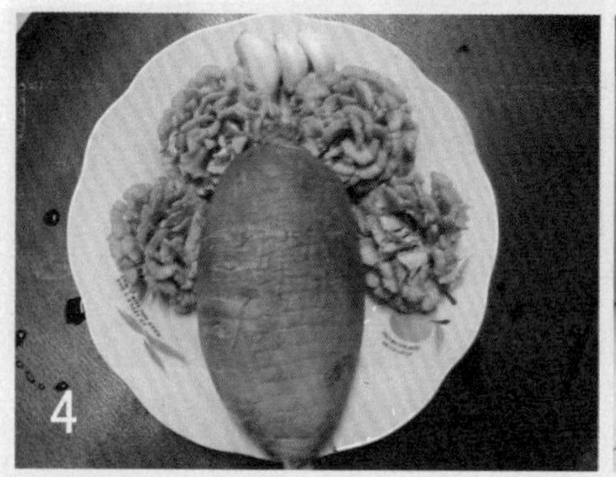

白参菇袋装干品（段 毅 摄）

白参菇栽培技术

主 编

赵荣艳 段 毅

编著者

陈玉全 郭聪颖 汪论记

段 毅 赵荣艳

金盾出版社

内 容 提 要

本书由河南科技学院资源与环境学院赵荣艳和段毅主编。本书系统地介绍了白参菇的基础知识和栽培技术。内容包括：白参菇概述，生物学特性，生产设施，原、辅材料，菌种生产技术，加工技术以及病虫害防治。文字通俗易懂，科学性、可操作性强，可供广大菇农，食用菌生产场、专业户，农业技术员以及食用菌经销人员阅读，亦可供农业院校相关专业师生参考。

图书在版编目(CIP)数据

白参菇栽培技术/赵荣艳，段毅主编．—北京：金盾出版社，2009.6

ISBN 978-7-5082-5698-6

Ⅰ. 白… Ⅱ. ①赵…②段… Ⅲ. 裂褶菌属—蔬菜园艺 Ⅳ. S646

中国版本图书馆 CIP 数据核字(2009)第 051792 号

金盾出版社出版、总发行

北京太平路 5 号(地铁万寿路站往南)

邮政编码：100036 电话：68214039 83219215

传真：68276683 网址：www.jdcbs.cn

封面印刷：北京 2207 工厂

彩页正文印刷：北京百花彩印有限公司

装订：北京百花彩印有限公司

各地新华书店经销

开本：787×1092 1/32 印张：4.875 彩页：4 字数：104 千字

2009 年 6 月第 1 版第 1 次印刷

印数：1～10 000 册 定价：9.00 元

前　言

白参菇又名裂褶菌，是云南省有名的食用菌，云南一般称之为“白参”，是一种食药兼用的珍稀菇菌。其菇体幼时质嫩、味道清香、鲜美爽口、营养丰富、老少皆宜。云南采食白参菇的历史悠久，视其为高档食用菌，并有产品出口国际市场。

白参菇性平、味甘，是我国著名的药用菌。具有滋补强壮、扶正固本和镇静作用，可治疗神经衰弱、精神不振、头昏耳鸣和出虚汗等症。民间还将白参菇作为保健食品和药疗品使用，可治疗小儿腹泻、头晕、偏头痛等疾病，经常食用有清肝明目、健胃润肠、抑制小儿盗汗等功效，对增进人体免疫系统功能有促进作用。

由于野生白参菇的采摘季节受到限制，数量较少，使白参菇的开发受到很大限制。为了缓解白参菇的供需矛盾，20 世纪 90 年代以来，许多学者对白参菇的人工驯化栽培进行了深入研究，其中云南省从 1996 年就开始进行了白参菇万袋规模的栽培试验，取得了成功。

2002～2004 年云南省 4 户农民共同试验种植袋料白参菇 2 万袋，收成干品 1 600 千克，除成本外，获纯利 2.96 万元，产出率为 295%，利润率为 195%，从接种至采收 20 天，平均日获利 1 480 元。2006 年白参菇干品市场价每千克 240 元，远销东南亚国家及我国港、澳特区，深受消费者欢迎。

白参菇人工栽培具有投资小、原材料丰富、成本低、技术容易掌握、出菇温度范围宽、生产占地少、栽培周期短、子实体采收后培养料还可用于其他菇类栽培等特点。白参菇的种植成功，对发展现代化特色农业、开发优质无公害食品具有积极的促进作用，同时也为农民脱贫致富奔小康开辟了一条新的途径。所以，近年来，白参菇栽培面积逐年扩大。

现在云南省的白参菇人工栽培正在形成生产规模，河南、新疆等省、自治区、直辖市的白参菇栽培刚刚处于推广阶段。因此，白参菇是具有广阔发展前景的食用菌栽培品种。

在编写本书时，河南省清丰县的王美玉女士提供了帮助，在此表示感谢。同时引用了一些学者在有关白参菇著作和杂志中的资料和照片，一般注明了出处，如有疏漏敬请原谅，并向原作者表示衷心谢意。

由于白参菇人工栽培年数较短、研究还不充分、资料方面欠缺，各地使用的栽培菌株也不尽相同，加上笔者水平有限，难免有错漏之处，恳请读者批评指正。读者在阅读本书时如遇到购买菌种、设备、技术和销售等问题，可以与笔者联系，互相交流，以共同推动白参菇生产的发展。为了减轻笔者负担，凡信函咨询，请附邮资。

编 著 者

2008 年 10 月于河南科技学院

通信地址：河南新乡，河南科技学院植保系赵荣艳

邮　　编：453003

作者电话：(0)13323804802(段毅)

电子信箱：henanduanyi@sina.com

目　录

一、概　述

（一）白参菇的分类地位与名称

白参菇，又名白参、白参菌、裂褶菌、白花、树花、天花菌、八担柴、鸡毛菌子、鸡冠菌，学名：*Schizophyllum commune Fr.*，属裂褶菌科（*Schizophyllaceae*），是裂褶菌的子实体。白参菇在分类地位上隶属于菌物界（Fungi）、真菌门（Eumycota）、担子菌门（Basidimycota）、担子菌亚门、层菌纲（Hymenomycetes）、无隔担子菌亚纲、伞菌目（Aphyllophorales）、裂褶菌科（白蘑科）（Schizophyllaceae）、裂褶菌属（*Schizophyllum*）。该属已经发现的共有 3 个种。也有的分类学者认为应将之归属于非褶菌目。

本菌的文献名有：《中国真菌总汇》中称为裂褶菌；《云南通志》称为白生，白森，白参。

白参菇的地方民间俗称有：湖北省称鸡毛菌子，湖南省称鸡冠菌，云南省称白参、白蕈、天花蕈，福建省称小柴菰，陕西省称树花，通称八担柴（因为此菌久煮不烂，要烧八担柴火才能煮烂，故名）。

鉴于本菌以上名称的不统一，而且事实上野生的和人工栽培的又有很大差别，而云南省采用“白参”这个名字不仅不能反映出其与食用菌的关系，反而易使人误认为与人参科有关系（有一种人参也叫“白参”）。为了理解和使用上的方便，2007 年夏天，河南省学者段毅认为凡用于人工栽培出菇的该菌商品名最好应称为白参菇，其他野生和研究等不用人工栽培出菇的称呼时可以沿用习惯名称为裂褶菌。本书即采用此种观点。

（二）白参菇的经济价值

1. 白参菇的食用价值

白参菇是一种食药兼用的珍稀菇菌。其菇体幼时质嫩、味道清香、鲜美爽口、营养丰富，有特殊的浓郁香味。既可单独炒食，又可作为食谱作料，也是制作腌腊、罐头的上乘原料。云南产白参菇朵型较大，质地柔软细嫩，食味鲜美且富有特殊香味，称之为“白参”，据当地人反映，以产于水冬瓜、栓皮栎、核桃树上者味道最好，有滋补强身作用。陕西的某些地方常作凉拌菜食用。白参菇富含多糖、蛋白质、麦角甾醇、裂褶菌黄素，另外还含有多种酶。野生白参菇的子实体中灰分含量为 7.14％，含有硅、磷、钠、钙、钾、铝、铁、镁、钡、锌、钛、锰、铅、硼、锶、铜、铈、锂、镍、锡、镱、钇、钼、银、汞、镉、铍、硒、铋 31 种无机元素，包括 5 种常量元素和 26 种微量元素，其中人体必需的 7 种微量元素含量比较高，抗癌元素硒含量为0.242 微克/克，可作为硒源加以利用。据云南省农业科学院测试中心对人工栽培的白参菇分析，含人体需要的 8 种氨基酸总量达 17.04％，并富含锌、铁、钾、钙、磷、硒、锗，是一种美味食用菌。

2. 白参菇的药用价值

白参菇具有较高的药用价值。据《药用真菌》等古籍记载:此菇“性平、味甘,有清肝明目,滋补强身、镇静的功效,特别对小儿盗汗、妇科疾病、神经衰弱、头昏耳鸣等病症疗效明显”。

我国云南及西南诸省民间,产妇分娩后,常把白参菇子实体与鸡蛋炖熟服用或加肉炒食,可促使产妇子宫提早恢复正常,并促进产妇分泌乳汁,治疗妇女白带过多、神经衰弱、头昏耳鸣、出虚汗等病症,效果非常显著。因此,民间还将白参菇作为保健食品使用。

3. 抗菌作用

裂褶菌子实体和菌丝体提取液对金黄色葡萄球菌、大肠杆菌、痢疾杆菌、枯草杆菌以及乙型副伤寒沙门氏菌具有明显的抑制作用,对急性细菌感染(如绿脓杆菌、大肠杆菌等)和慢性细菌感染(肺结核等杆菌)有显著的非特异性防御效能,对抗生素有增效作用。

4. 抗肿瘤作用和抗肿瘤机制

国内外医药研究表明,白参菇子实体中含有丰富的有机酸和具有抗肿瘤、抗炎作用的白参菇多糖。从白参菇中提取的裂褶菌胞内及胞外多糖(SPG),是一种良好的免疫增强剂,具有较强的免疫活性和促进网状内皮系统功能的作用,能刺激单核吞噬细胞、自然杀伤细胞、杀伤性T细胞的系统活性,增强巨噬细胞吞噬功能,能提高白细胞介素产生能力,对动物肿瘤有抑制作用。对小白鼠肉瘤180和艾氏癌的抑制率为70%。对大白鼠吉田肉瘤和小白鼠肉瘤37的抑制率为70%~100%。还能显著地增加脾脏产生抗红细胞抗体的细胞数,抑制迟发性皮肤过敏反应,提高细胞的免疫功能。在临床上，作为免疫治疗剂可以延长肺癌和胃癌病人的寿命。此外，它还具有抗缺氧及抗疲劳的功效。研究还发现，白参菇胞外多糖在抗辐射方面有着明显的疗效，在临床治疗上，是一种非常好的生物应答效应物。白参菇多糖与α射线、β射线、γ射线并用后，经组织检查发现，肿瘤部位淋巴细胞高度浸润，纤维化间质增强。

20世纪80年代，日本已将白参菇多糖试用于临床治疗一些以消化道癌为主的胃癌、胰腺癌及直肠癌等，证明作为一种免疫治疗剂对进行性癌的治疗有效。日本后来用白参菇还原糖制成了药品，产品称为"施佐非兰"(Sicofilon)，可治疗子宫癌，并能明显增强患者的免疫能力。用裂褶菌多糖进行肌内、腹腔或静脉注射均可发挥其免疫作用，并表现出高度的抗肿瘤活性。目前，我国南京大学、上海师范大学等正在进行白参菇多糖药品的研究。

5. 其他作用

白参菇的液体发酵物含有活性较强的纤维素酶，并能产生苹果酸(L-malicacid)，菌丝深层发酵时产生的大量有机酸，还可产生促生长素吲哚乙酸，均广泛应用于食品工业、生物化学和医药卫生等领域。白参菇的深层发酵产物(菌丝体)可作为食品强化剂添加到多种食品中。白参菇子实体醇提物还具有镇痛作用。

综上所述，白参菇不仅营养丰富，而且可以作为保健食品使用，是一种很有经济价值的高档真菌。

(三)白参菇的研究简介

长期以来,白参菇一直为一种野生食用菌,生长于亚热带阔叶杂木腐质上,我国野生分布十分广泛。由于受环境条件的影响,野生白参菇为指甲壳大小的片状,虽然具有较高的食用价值,但木质化严重,不利于采收、清洗和食用。野生白参菇由于受自然和人为因素的影响,已远远不能满足人们日益增长的食用和药用的需求。

20 世纪 70 年代,日本对白参菇生物学特性有研究报道,1979 年 John F. F. 研究过单核子实体与酚氧化酶的关系,均在于探索子实体的形成机制。

国内关于白参菇栽培研究的报道较少。1986 年陈国良,1990 年罗星野等,也先后进行过驯化栽培,并指出人工栽培的白参菇子实体,无论在品质、食味还是个体大小方面,均优于野生白参菇,认为可望作为特色食用菌进行开发。在强化营养,改善培养条件,控制环境因素和出菇条件的情况下,还得到大型块状子实体原基,单个重达 80 克左右。

1990 年曾素芳在国内首次发表报道,通过组织分离方法得到白参菇菌种,并在液体培养基上培养获得子实体。

1998 年,李慧、李兆兰发表了白参菌(菇)胞外多糖的结构及性质研究。

2001 年,郭胜伟、蔡宝昌发表了白参菌(菇)多糖的提取及含量测定。

2003 年,王振河等通过试验证明,白参菇在麦粒培养基、膨化珍珠岩-麸皮培养基以及棉籽壳-麸皮培养基上均可良好生长。

2006 年，丁湖广发表了白参菌（菇）多层次立体栽培技术。

2007 年，李竹英、毛绍春发表了裂褶菌（白参菇）的规模化栽培技术。

（四）白参菇的栽培状况和市场前景

1996 年云南省科研部门就开始进行白参菇万袋规模的栽培，获得了人工栽培的成功。

2002～2004 年云南省科研部门在 4 户农民家中开展了示范种植及推广工作，共种植袋料白参菇 20 000 袋，平均每袋成本 0.76 元，平均每袋出菇 0.08 千克，总产量 1 600 千克，扣除生产成本 15 200 元，创纯利 2.96 万元，平均每袋可获纯利 1.48 元，产出率为 295%，利润率为 195%。

经过云南省相关部门的组织推广，至 2004 年 5 月白参菇已在云南省昆明、玉溪人工批量种植成功。

云南省腾冲县 2005 年扩大试验、示范白参菇 3.3 公顷，鲜白参菇的市场价为 17.5 元/千克，经济效益好，市场空间大。

2006 年春季，福建省古田县白参菇进行商品化示范栽培 3 批，获得理想效果。

2007 年春季，河南省新乡市也开始进行白参菇栽培并获得成功。

2008 年 9 月，新疆维吾尔自治区人工种植白参菇示范成功。

白参菇至 2006 年开始已从最初的 1 000 袋发展到 10 万余袋。

2006年市场白参菇每千克干品价格240元，出口东南亚国家及我国港、澳市场，很受欢迎。由于白参菇具有较高的经济价值，目前市场鲜品达40元/千克，最低价不低于20元/千克，干品市场售价达80元/千克，最低价不低于60元/千克，干品成本不超过20元/千克，故种植白参菇有极可观的利润。人工种植白参菇实测每袋成本在0.8～1元，产鲜白参菇0.1～0.2千克，按目前市场价36元/千克计，每袋可获利2.5元以上。同时，白参菇具有周期短（一般50天左右），见效快的特点，故具有极大的开发价值。

二、白参菇的生物学特性

(一)形态特征

1. 白参菇子实体形态特征

白参菇子实体小型。子实体为侧耳状、扇形、肾形或掌状开裂,通常覆瓦状叠生、簇生或群生,形似小菊花。菌盖长为0.6～5 厘米,宽 0.8～3 厘米,厚 0.1～0.3 厘米,菌盖上表面白色、灰白色、肉褐色至黄棕色,表面密披有茸毛或粗毛,具有多数裂瓣,韧肉质至软革质,边缘内卷;子实层体假褶状,假菌褶白色至黄棕色,每厘米 14～26 片,不等长,沿中部纵裂成深沟纹,褶缘钝且宽,锯齿状。菌肉薄,约 1 毫米厚;菌肉白色,韧肉革质,质地韧;基部狭窄,菌褶窄,从基部呈辐射状长出,白色或灰白色,后期淡肉色带粉紫色,边缘往往呈掌形或瓣状纵裂而向外反卷如“人”字形,有条纹,子实体无柄或短柄。

2. 白参菇孢子及菌丝形态特征

孢子印白色或淡肉色。孢子无色透明,圆柱状,5～5.5 微米×2～2.5 微米,双核,孢子壁平滑。担孢子圆柱形至腊肠形,无色,光滑,大小为 4～6 微米×1.5～2.5 微米。菌丝体白色、疏松、茸毛状,气生菌丝较旺。菌丝有间隔,有分枝。菌丝粗细不均,直径 1.25～7.5 微米。单系菌丝系统,生殖菌丝有锁状联合,无色,交织排列,直径为 5～8 微米。

人工栽培鲜品单朵重量为50～100克。

应该指出的是，不同菌株的白参菇，其子实体形态也存在差异。白参菇形态见图2-1，图2-2所示。

图 2-1 人工栽培白参菇子实体

（段毅 摄）

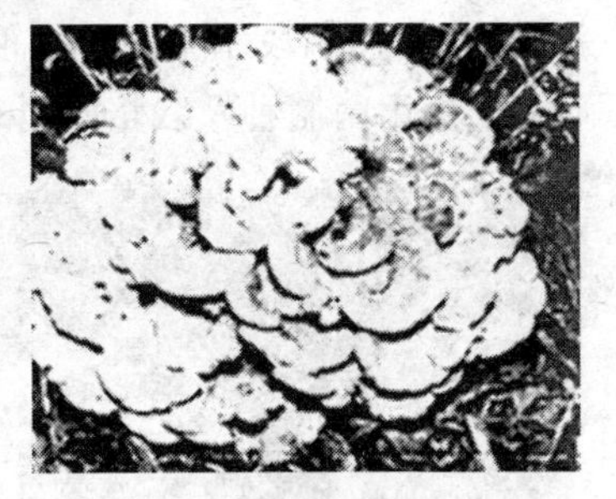

图 2-2 人工栽培白参菇子实体

（引自 郭孟璧 等）

（二）自然生态习性

白参菇是一种常见木材腐生菌。自然界中，北方每年春至秋季雨后，南方全年野生白参菇散生、丛生或群生于半腐烂的78种针阔叶树，如赤杨、榆、桦、栎、槠、栲、柳、杨树等各种阔叶树木或倒木、原木、伐桩、木材、大树、枯立木或枯枝上，有时也生于红松、落叶松、马尾松、云杉、冷杉等针叶树的倒腐木上，有的生于在多种林木的活立木上引起边材白色腐朽（图2-3），还可发生在禾本科植物、枯死的竹类或野草上。一般幼嫩时可食用，云南省野生的白参菇，味道鲜美，当地称为“白参”。野生白参菇在林业和木耳、香菇、毛木耳、银耳等食用菌段木生产上是一种危害较大的病原菌，其繁殖生长快，数量多，能使贮存的木材腐朽，降低其使用价值。近年在广东省与河北省报道该菌在某种程度上造成杧果和果树等树木腐朽；在辽宁省铁岭市等引起李属等苗木严重的皮部腐烂和边材白色腐朽，并最终造成大量苗木死亡；还能使生产食用菌的段木污染，给食用菌段木生产造成很大损失，被视为“杂菌”（图 2-4），在食用菌制种及栽培时也有发生。

图 2-3 野生白参菇 （段毅 摄）

1. 大街道路旁的野生白参菇 2. 大树上密生的野生白参菇
3. 地面树桩上的野生白参菇

在国外，美国曾报道白参菇有时造成多种林木边材腐朽，并造成受害树木溃疡，特别是造成苹果树属、李属、枫树属、椴树属和杨属等树木的树皮和边材腐朽，通常是这些树木受到酷热或干旱后更容易发生边材腐朽病。在俄罗斯还造成栎属树木种子病害。

图 2-4　为害段木的白参菇

1. 子实体　2. 子实体横切面部分

(三)产地分布

野生白参菇为白腐菌,广泛分布于世界各地,特别是在热带、亚热带杂木林下常可找到它的踪迹。

在我国,野生白参菇广泛分布于大江南北大部分地区,包括河北、河南、山西、陕西、黑龙江、吉林、辽宁、山东、江苏、内蒙古、安徽、浙江、江西、福建、台湾、湖南、广东、广西、海南、甘肃、西藏、四川、贵州、云南 24 个省、自治区、直辖市,尤以云南省为多。云南省主要分布在西双版纳的原始森林中。

(四)生活史及遗传特性

白参菇的有性生殖交配系统是典型的由 2 个交配因子控制的双因子四极性异宗结合的担子菌,是研究担子菌遗传的优良材料。所谓异宗结合,即必须由 2 个不同性别的菌丝细胞质配才能生育;四极性是指异宗结合真菌中的一种性亲和现象。在这种性亲和现象中,每 1 个担子产生的 4 个担孢子,属于不同的性亲,故称四极性。白参菇的2种交配因子(A和B)的基因位点杂合时,才能形成具有锁状联合、有结实能力的双核菌丝。

(五)人工栽培条件

白参菇的生长发育受内部因素与外部因素的双重控制。是一个统一的有机的整体。内部因素是指白参菇自身的遗传特性,外部因素是指能作用于白参菇生理活动的各种环境条件,如培养基含水量、营养、温度、空气、湿度、光照、pH值、生物和时间因素等。外部因素必须互相恰当配合,白参菇才能正常生长发育。

白参菇人工栽培生长时,某些条件不足或发生变化,就会使白参菇生长不良。因此,栽培生产时,不仅应该创造出适合其生长发育的生活条件,还应注意条件的变化和白参菇不同生长发育阶段的要求,随时加以调整,尽可能地人为创造出各个不同发育阶段的最适宜环境条件来满足其要求,才能获得高产、速生、优质的效果。

1. 营养条件

白参菇属于木腐真菌,不含叶绿素,不能进行光合作用,野生白参菇生长在阔叶树或针叶树的枯枝倒木上,有的也发生在禾本科植物枯死的竹类或野草上。只能依靠菌丝分泌各种酶分解利用有机物才能获得物质和能量,进行生长发育。因此,它的生长发育直接受培养基的影响,不同的培养基因其营养条件不同,而使白参菇的产量与质量极不相同。栽培时应当选择最佳的培养基。白参菇所需要的培养基的营养条件可以分为碳源、氮源、无机盐和维生素。

(1)碳源 碳源是白参菇最重要的营养物质,有两方面重要作用,一是构成菌丝细胞中碳素骨架来源的基础,二是白参菇生命活动所需要的能源。在试验条件下,白参菇生长对碳源的利用,以葡萄糖最适宜。在无木质素而只有葡萄糖为碳源的液体培养基上静止培养时,表面也能形成子实体。

白参菇是木腐真菌,但分解木材的能力较弱,人工栽培可以利用棉籽壳、玉米芯、甘蔗渣等富含纤维素的各种农作物秸秆及木屑等作碳源。

(2)氮源 氮元素是白参菇菌丝体细胞的重要组成元素,是构成白参菇细胞蛋白质、核酸、酶和细胞质的主要原料,在细胞的生理活动中起着重要作用。人工氮源有多种,分为有机氮和无机氮两大类。白参菇能较好地分解利用玉米粉、酵母粉和麦麸等有机氮源,而利用无机氮的能力较差。因而,培养基中必须添加适量玉米粉、酵母粉和麦麸,而不宜使用其他氮源。

碳氮比是指培养基(料)或细胞中所含碳元素和氮元素的比率,即碳/氮=培养基总含碳量/培养基总含氮量。

碳氮比是极为重要的,它对白参菇的生长影响很大,不同的碳氮比对白参菇菌丝有明显影响,在10∶1至100∶1范围内均可生长。合理的碳氮比可以获得速生高产效果,白参菇培养料的最适宜碳氮比为40∶1。

(3)无机盐 无机盐是构成细胞的组成部分,可以调节细胞新陈代谢、渗透压和pH值等。无机盐的需求量虽然不大,但却是不可缺少的物质,主要有硫、磷、钾、镁、铝等元素。

无机盐根据白参菇生长发育需要量的大小分为常量元素(主要元素)和微量元素两大类。

常量元素有磷、硫、钾、镁、钙等。磷元素是组成核酸、蛋白质的重要元素，对白参菇的生长发育有着重要作用。磷酸盐是重要的缓冲剂。磷是菌丝一些酶的激活剂，镁是使正常代谢和酶活化的元素，钾是酶的激活剂，钙则可以调节培养基的酸碱度，增加子实体重量。

微量元素有铁、钴、锰、铜、锌、钼等。微量元素或是构成酶的成分，或是酶的激活剂，是白参菇生长发育的重要因素，但是需求量很少，除特殊要求外，一般培养基的化合物或普通水中即含有，不必另外补充，添加多了易导致生长不良。

各种物质比例对白参菇的生长影响很大，栽培时一定要严格依照比例准确称量，不得随意增加或减少（做栽培试验时例外）。

(4)维生素 维生素是白参菇正常生长发育不可缺少的而且不能用简单的碳源和氮源进行合成的有机物。维生素通常需要量很少，但却必不可少，这些维生素在实际人工栽培原料的配方中就可得到满足，不需要另外补充。

2. 环境条件

环境条件是指温度、水分、湿度、空气、pH 值、光照和生物因素等。各种环境因素对于白参菇的生长发育都有最适条件、最低和最高限度。在最适条件时，白参菇生长良好，高产优质。超过限度，白参菇不仅不会生长发育，甚至还会死亡。

(1)温度 白参菇属于中高温型真菌。自然生长多于春、秋季节。温度是否适合对白参菇的正常生长发育起着重要作用。白参菇的生长发育只有在一定的温度范围内才能进行，这是因为白参菇的新陈代谢中需要许多酶参加，各种酶都是蛋白质，过高或过低的温度均会使酶的活性降低直至丧失。

适合白参菇生长发育的温度范围称为有效温区，它的上端称最高温度，下端称最低温度，在有效温区内有一个特别适合白参菇生长发育的温度区域，在此温度区域内，各种酶的活性最佳，白参菇的生长发育速度最佳。此温度区域称为生理最适温度（简称最适温度）。超过最适温度时，酶受高温影响而适应性降低，代谢过程减慢；低于最适温度时，酶的活性也降低，营养物质不易进入细胞，菌丝生长减慢，子实体也不易发生。因此，温度制约着白参菇的生长发育。白参菇孢子萌发最适温度为21℃～26℃。

白参菇对各个发育阶段的温度要求均不同。

①*菌丝生长对温度的要求*　白参菇菌丝生长温度范围较宽，菌丝生长适温为7℃～32℃，但最适温度为22℃～25℃。白参菇菌丝生长速度与温度的关系如图2-5所示。

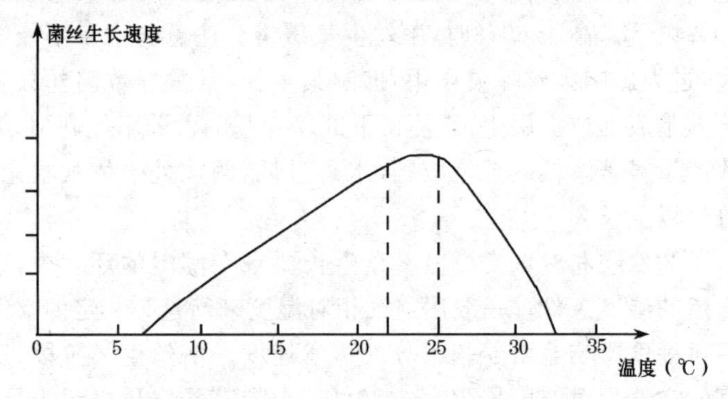

图2-5　白参菇菌丝生长速度与温度的关系示意

值得注意的是，在测量菌丝发育的温度时，要注意气温与菌温的区别。菌温是指菌丝生长时的培养料温度，气温是指培养室内的温度，这两个温度是不相同的，通常菌温要比气温高出1℃～4℃。

②原基形成和生长对温度的要求　白参菇子实体分化和生长的温度为18℃～22℃，低于18℃成熟期延长。

(2)水分　水分是白参菇生长发育的关键，是构成白参菇细胞的重要物质。水是菌丝细胞正常代谢的基础与溶剂。营养物质都只有溶解在水里才能被菌丝细胞吸收，细胞的生理活动只有在水溶液中才能进行，代谢产物也只有溶解在水里才能排出。此外，由于水有较大的比热，可以防止菌丝细胞温度的强烈变化。

白参菇生长发育所需的水分来源有两个方面，其中绝大部分来自于培养基，一小部分来自于空气中的水蒸气。

①培养基含水量　白参菇菌丝的生长受培养基水分含量的直接影响，含水量一般用水分在培养基中的百分含量(%)表示，白参菇极耐干旱，适宜白参菇菌丝生长的含水量应在60%以下。高于60%时，菌丝生长缓慢。注意含水量不能过大，过大影响菌丝呼吸作用，抑制其生长，常常导致菌丝只在培养基表面或上层生长，使得下部培养基的营养不能利用，导致产量显著降低甚至绝收；含水量过低，菌丝处于休眠状态，也难以生长。

②空气相对湿度　白参菇生长要求在潮湿的环境中，即一定的湿度条件。一般用空气相对湿度来衡量。一定的空气相对湿度影响着培养基水分的蒸发速度。菌丝生长阶段，适宜的空气相对湿度是70%～80%。白参菇子实体极耐干旱，子实体干湿伸缩性大，有水分时细胞膨大，干燥时收缩处于休眠状态。一旦吸收到足够的水分，又可继续生长。采收的子实体，在晾干后存放3年，仍能弹射孢子，保持生命力。

白参菇子实体生长发育期间，空气相对湿度要求达到90%～95%，如湿度过低，原基不易分化，已经分化的原基生长缓慢，难以长成子实体，干旱时停止生长。空气相对湿度低于80%，子实体干缩，产量低；超过95%，子实体颜色加深，容易发霉腐烂。

(3)光　照

①白参菇菌丝体生长阶段不需要光线　白参菇菌丝在无光或有散射光条件下均能生长，但菌丝长势和速度明显不同。在黑暗无光条件下，菌丝生长快而粗壮。光照对菌丝生长的抑制强度与光照度呈正相关。需要特别指出的是，虽然强光照条件下的菌丝长速比弱光照更快，但强光照能强烈抑制菌丝萌发，会使菌丝生长前端的分枝减少，菌丝稀疏，气生菌丝几乎完全消失，因而在发菌阶段，最好置于黑暗或弱光照下培养。

②原基分化需要一定的散射光刺激　当白参菇菌丝扭结形成原基分化发育成子实体时，需要300～500勒的光照。子实体生长需要100～200勒的弱光，具有明显的向光性，但光线过强子实体颜色变褐、品质变差。强光下子实体停止生长。

光照可诱导子实体原基的形成，以偏暗的弱散射光的效果最好；光照度过强，会抑制子实体原基的形成。在完全黑暗的无光条件下，也不能形成子实体原基。

(4)空气　白参菇也是一种好氧性菌类，菌丝体发育阶段，需氧量大，因此培养室应保持空气流通；子实体生长过程中释放出一种腐臭味的二氧化碳气体，栽培房棚需要保持空气新鲜，供给充足的氧气。如果严重缺氧，子实体容易被绿霉污染，栽培室既要保持空气湿度，又要常通风换气。因此，调整好通气和保湿这对矛盾，是人工栽培管理白参菇的关键。

(5)酸碱度　白参菇含有纤维素酶，并能产生苹果酸($C_2H_2O_2$)。白参菇菌丝喜微酸性环境，菌丝生长最适宜的

pH 值为 5～6,pH 值低于 2.5 或高于 10,菌丝停止生长。人工栽培的基质 pH 值 4.5～5.5 时菌丝生长最好。子实体生长最适 pH 值为 4～5。

(6)生物因素 在天然状态下,白参菇的一生中与无数的微生物、虫类生活在一起,此即白参菇生长的生物因素。

白参菇与其他种生物的关系概括起来有 2 种:一是各种霉菌,如绿霉菌和白参菇是竞争关系;二是各种害虫,如眼菌蚊等和白参菇是取食关系。

人工栽培白参菇对于霉菌这些杂菌必须采取消灭措施,以防止培养料被这些竞争杂菌分解殆尽;对各种害虫则必须采取杀灭等措施,以保护白参菇能够正常生长。

(7)时间因素 时间因素是指白参菇完成一个生长发育期的时间,通常以生长发育天数来表示。

时间因素通常为大多数人所忽略,其实时间因素是白参菇栽培生产中的一个重要的参数。在一定的培养条件下,白参菇必须经过一定的时间才能产生子实体,而这个天数(时间)直接影响栽培经济效益,是衡量白参菇菌种优劣的基本参数之一。

时间因素取决于白参菇的品种特性、培养条件和温度、光照。优质的菌种,适当的培养基质和最适培养温度可以缩短出菇天数;光照可以提前出菇,但却会使质量和产量下降。

三、白参菇的生产设施

（一）菌种厂房设置

1. 布局要求

白参菇菌种对白参菇栽培成功与否十分关键。为了防止杂菌的污染，菌种厂选址时，应当尽可能地按照下列标准去选择场地。

(1)选址标准　交通要方便，水电要齐全，地势较高以防水淹，同时排水无碍，空气新鲜，附近无废水、废气、废渣、垃圾和噪声污染。

(2)远离污染源　场地应当远离酒厂、酱油厂、醋厂等食品工厂；粮食、饲料等仓库；猪厂、鸡厂等各种养殖厂；肉类加工厂、屠宰场等，以防止这些场所孳生的杂菌、蚊、蝇、螨类等造成污染源。

2. 建筑要求

建筑的要求是坚固耐用，一般应采用砖石结构、砖瓦结构或钢筋混凝土结构，条件不足者可以采用简易塑料大棚结构。

门窗要求可以密封，并且通风良好，窗上应装有纱窗，门上装有竹帘，以防蚊、蝇等害虫侵入发生为害。窗上安装无色玻璃，以利于光线透入。

墙壁要求坚硬、光滑、平整，上刷防水涂料最佳，墙角应砌成半球形，以利于方便冲洗。

地面要求用水泥制作，最好铺上可以用水冲洗的地板砖。

3. 房屋设计

房屋设计必须根据菌种生产流程来安排。菌种生产流程如下：

配制培养基→灭菌→接种→育种

房室依次安排为：

原料贮存室→配料室→灭菌室→接种室→菌种培养室

使之首尾相连，形成"一"字形、"L"形或"U"形的生产流水线，以提高生产效率，保证生产栽培的成功。房室有限的，可将几室合为一室，如可以将配料与灭菌合在一室工作。另外，还应设置有值班室、业务室、技术室、晒场及生活设施等，并且注意搞好厂区绿化。房屋设计示意图如图 3-1 所示。

正规的白参菇菌种生产厂依照设计图建成后，即按照设计的各专门用途的房室进行装修，以达到各自不同的用途要求，并配备各房室专用的相应设备、仪器、工具、药品等，以利于各室的工作。各专用房室原则上不能混用，并且必须严格按照流水线排列，以利于严格按照要求和提高生产效率，生产出优质菌种。

各室详细要求如下文所述。

(1)原料室 用于存放棉籽壳、玉米芯、甘蔗渣、废棉等富含纤维素的各种农作物秸秆及木屑等原料和菌种瓶、菌种袋等材料。要求室内干燥，地面平整，以防原料发生霉变。原料应堆放有序。

(2)配料室 称取原料，拌料装瓶、装袋之地。要求地面平滑耐水洗、排水方便，配备天平、磅秤、拌料器具、湿度计等，

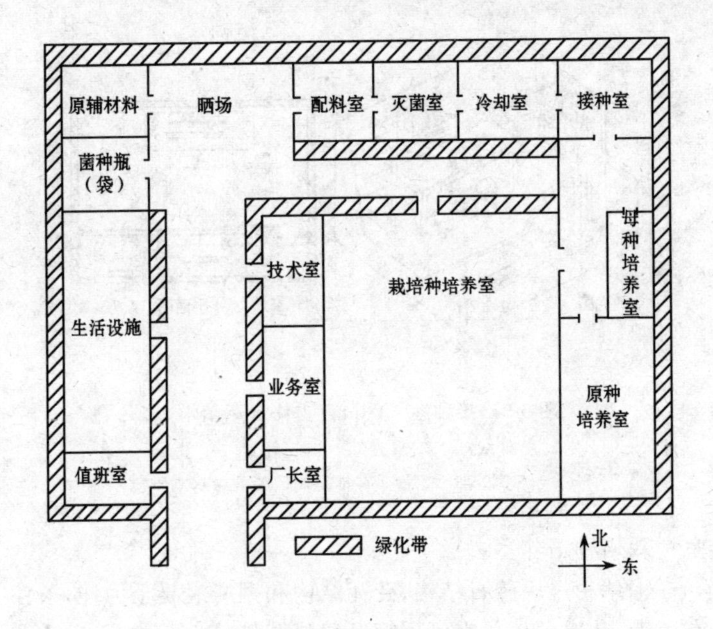

图 3-1　菌种生产厂房屋设计示意

装备水源。

(3)灭菌室　培养基灭菌的房室，配备手提式专用高压灭菌锅、卧式或立式高压灭菌锅或常压灭菌灶等灭菌设备，煤火炉、燃气灶、电炉等热源。设备大小和数量根据生产规模而定。

(4)无菌室　也叫接种室，此处进行无菌操作接种，标准要高，应能严格密封，面积不宜过大或过小，以面积 5～10 平方米、高 2 米为宜，过大导致灭菌成本增高，过小降低生产效率，地面、墙壁应光滑，易于清洗消毒，采用左右推拉门结构，室内配备接种箱或电子灭菌器及超净工作台等接种设备和接种工具、药品，室内应有良好的照明条件，以利于工作(图 3-2)。

(5)菌种培养室　菌种培养室分为母种培养室、原种培养

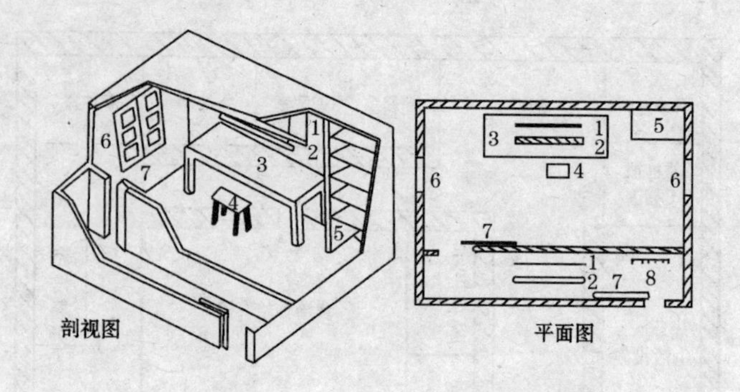

图 3-2　接种室　（引自《自修食用菌学》）

1. 紫外线灯　2. 日光灯　3. 工作台　4. 凳子

5. 瓶架　6. 窗　7. 推拉门　8. 衣帽钩

室和栽培种培养室。

①结构　用砖石结构、砖瓦结构和钢筋混凝土为佳，条件有限者，栽培种培养室可用简易塑料棚代替。

②规格　母种培养室通常面积较小，以其内可放数个电冰箱即可。原种培养室和栽培种培养室则大小要适中，面积以 20 平方米、高以 2.5 米左右为宜，过高过大均不易控制温度，数量根据生产规模而定，可数间连成一座，装有地窗，以利于通风换气（图 3-3）。

③要求　培养室门窗必须可以关闭严密，安装黑色窗帘，以保持无光黑暗培养，检查时可开日光灯或用手电筒。

寒冷地区为保持适宜温度可安装双层门窗和夹层墙壁，夹层之中填充泡沫塑料、谷壳、木屑等保温材料。

④设备　原种培养室和栽培种培养室主要设备为培养床架。使用培养床架可以提高空间利用率，培养床架可用木制或铁制，但都应用油漆漆过，以免腐烂缩短使用年限。培养床

架层距 50～80 厘米，宽 1.2 米，高 2 米，底层距地 30～40 厘米，距房顶 40 厘米。木质培养床架见图 3-4。

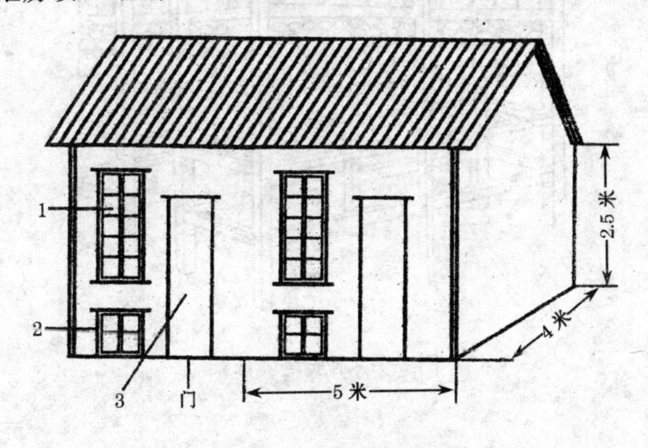

图 3-3　菌种培养室

1. 窗户　2. 地窗　3. 门

培养室应该安装空调，以精确控制温度，使菌种可在最适宜温度下生长。冬天也可配置加温煤球炉，以保证天气寒冷时的温度控制。

有条件的最好安装空气净化设备，以彻底杜绝杂菌污染。

⑤实验室　对于引进的或自己培育的菌种、新配方、新技术等进行试验研究的专用房间。正规的菌种厂都应配备实验室。条件实在有限者，可与其他房室合并在一起。

实验室应当配备天平、冰箱、恒温培养箱、高倍生物显微镜、电热干燥箱、温度计、湿度计、接种工具、酒精灯、培养皿、烧杯、烧瓶、量杯、漏斗、吸管等试验仪器与用具。

图 3-4　木质培养床架

(二)菌种生产设备

生产设备是栽培任何一种食用菌、药用菌都必不可少的基本物质前提之一。生产设备的良好与否直接影响着生产效率、劳动强度和经济效益。因此,栽培生产者在购置设备上不应当过分节约资金,如果要自制一些设备,也要严格按标准规范去制作,并严格按照操作规范去操作,才能取得良好效果。在资金充足后,应更换先进设备,以降低劳动生产强度,提高生产率和经济效益。生产规模较大或资金实力雄厚者,更应采用先进设备,以提高劳动生产率,降低生产成本。

购买生产设备时,要到正规厂家或专业部门去购买,以保证设备质量和生产效果。如果有多种相同功能的生产设备可供选择时,应按照科学、经济、适用和高效的原则来购买。使用生产设备时,应严格按照生产设备使用说明书和白参菇技术操作要求使用操作,才能保证生产安全和取得满意的生产效果。

1. 灭菌设备

灭菌工艺是菌种生产的一个重要环节。生产中一般采用蒸汽灭菌法,其原理是利用水吸收一定热量后,蒸发出来的饱和蒸汽灭菌。被灭菌的培养基在高温、高湿的饱和蒸汽下受热、受潮,其中的真菌和细菌等杂菌的菌体蛋白质发生变性,从而杀灭杂菌。饱和蒸汽灭菌的时间与压力和湿度有关,高压灭菌的效果高于常压灭菌。相应的,灭菌设备也分为高压灭菌设备和常压灭菌设备两大类。

(1)高压灭菌设备

①手提式专用高压灭菌锅　是一个可以密封的,可以耐受压力的双层金属锅(图 3-5)。

这种灭菌锅锅底盛水,当水在锅内沸腾而蒸汽不能放出时,锅内压力增高,导致水的沸点与温度升高,超过100℃,有利于迅速灭菌。这种锅的优点是比较轻便、经济,灭菌时间短、节约燃料。灭菌锅内层消毒筒内径为 28 厘米,深 28 厘米,容积为 18 升。热源可用电炉、煤球炉、燃气灶等。一般用于母种和原种培养基灭菌。购买时注意用正规厂家的产品,以

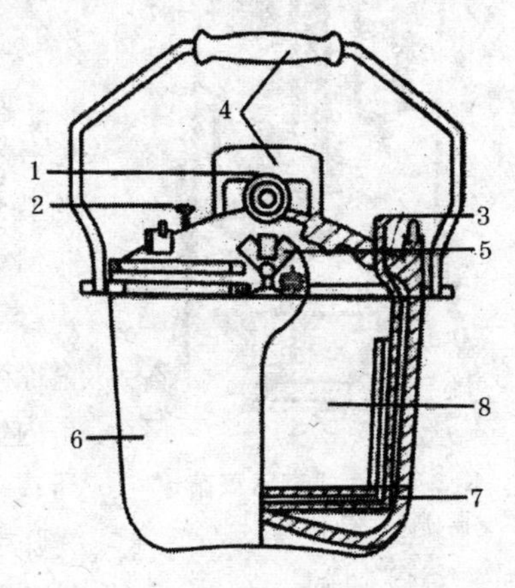

图 3-5　手提式专用高压灭菌锅

1. 气压表　2. 安全阀　3. 放气阀　4. 提手　5. 紧固螺丝　6. 容器　7. 筛架　8. 内膛

保证质量及使用安全。

使用时详细阅读使用说明书，按操作规程使用，注意如下事项：一是排空冷空气，在升压之前，必须将锅内冷空气排净，否则高压锅内压力可以达到，但温度则达不到，灭菌效果不能保证；二是安全，安全阀失灵极易导致事故，每次使用前都应检查1次；三是水量，每次使用前都应加适量水，过多易使灭菌物受潮，过少则烧干，容易损坏锅。

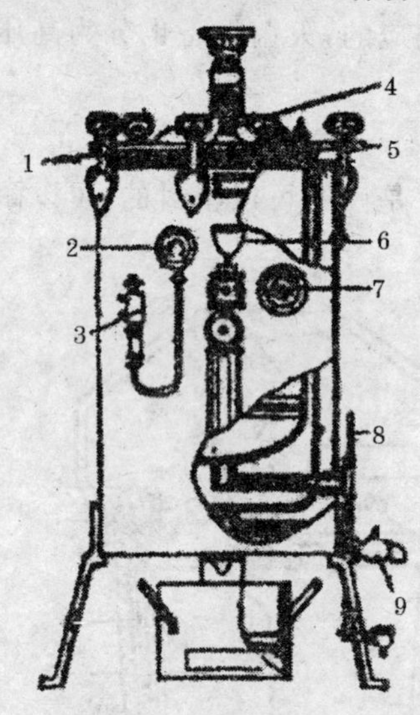

图 3-6 立式高压灭菌锅

1. 紧固螺丝 2. 压力表 3. 安全阀 4. 放气阀 5. 器盖 6. 加水漏斗 7. 内锅消毒干燥阀 8. 温度计 9. 排水口

②立式或卧式高压灭菌锅

这类锅灭菌容量大，用于较大规模灭菌用。分为立式与卧式两大类，卧式在放入与取出时较为方便（图 3-6，图 3-7，图 3-8）。

此类锅有多种型号，容量也各不相同，可以装 500 毫升的栽培瓶 100 瓶、200 瓶、500 瓶、1000 瓶、2 000 瓶等。但其构件组成基本相同：一是外锅里面装水，供发生水蒸气用；二是内锅里面放置需要灭菌的物品；三是压力表显示锅里水蒸气压力大小；四是排气阀用于排除锅内冷空气；五是安全阀为确保安全，在锅内蒸汽压力超过规定时即自动排气降低压力；六是其他组成配件有支架、橡皮密封垫圈等。灭菌锅使用时应排净冷空气，锅内留有空气时，锅内的压力与温度见附录

5 中附表 3。

选购此类锅时应当根据生产量与经济实力而定购买型号。此类锅使用方便，灭菌时间短，节约能源和人工。为了保证生产安全，应到持有高压锅炉安全生产许可证的正规厂家购买。

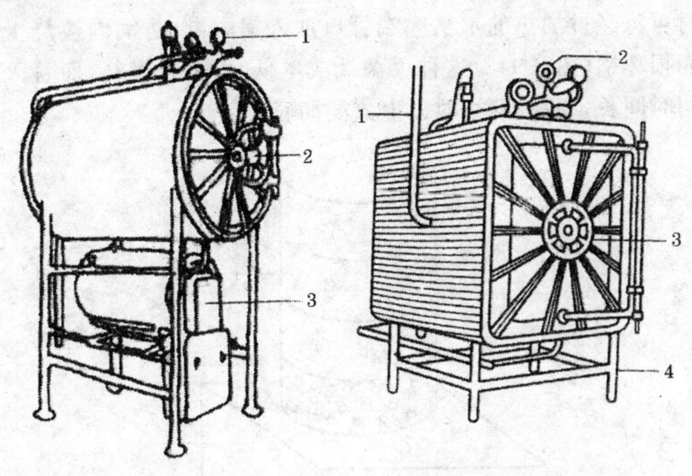

图 3-7　筒形卧式高压灭菌锅

1. 压力表　2. 器盖
3. 蒸汽发生器

图 3-8　柜形卧式高压灭菌锅

1. 排气管　2. 压力表
3. 器盖　4. 支架

(2)常压蒸汽灭菌设备　此类设备是在常压下用热源将水加热成湿热蒸汽，然后将湿热蒸汽穿透被灭菌物的深处，使被灭菌物保持 100℃较长时间，这样以使被灭菌物内所含的或内部孔隙中附着的微生物死亡。目前，我国大规模栽培生产袋栽食用菌的常用设备即此类灭菌设备。此处介绍常用的几种。

①家用蒸笼灶　农村家庭栽培白参菇可以利用家中现有

的锅灶进行消毒灭菌。按家中的锅灶配制相适应的蒸笼，叠于锅灶上，另在锅与蒸笼的中间加插一根直径 2 厘米左右的铁管或铝管，要求上端露于锅外约 5 厘米，下端插于锅内最适水位线稍下，如果锅内的水量因蒸发而减少至管口时，锅内的水蒸气则会从管口逸出并发出气鸣声，以提示应该加水了，这时可将经过加热的水从上端管口加入锅内，以防锅内被烧干而损坏锅（图 3-9）。这种灭菌灶成本低，但浪费燃料，而且灭菌时间长，要在 15 小时以上方能彻底灭菌。

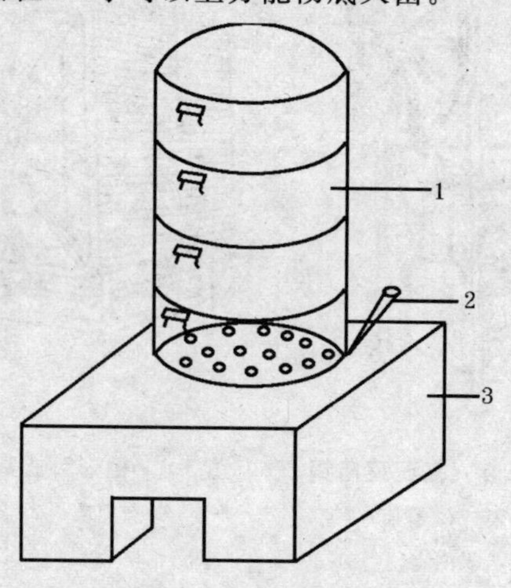

图 3-9 家用蒸笼灶

1.蒸笼 2.加水管 3.灶体

②简易木框灭菌灶　灶体可用砖石水泥等砌成，灶体长 2.2 米，高 0.8 米，宽 1 米，灶上安放前、后两口锅，锅直径 80 厘米，灶前设进火口和通风口，后侧用砖砌成 4 米高的烟囱。蒸笼用 3 厘米厚的木板制成木框，每层高为 25 厘米，四边各宽 100 厘米，木框底部用 4 厘米×4 厘米的木条做成栅栏，条

距为4厘米(图3-10)。这种灭菌灶优点是成本低,容易建造,可以代替高压锅,缺点是费时,需要水开始沸腾后灭菌8小时以上,才能达到完全灭菌的效果,稍费燃料,灭菌期间一般应加1次热水(冷水可能激破玻璃瓶),以防止烧干锅,致使灭菌失败,损害灭菌锅。

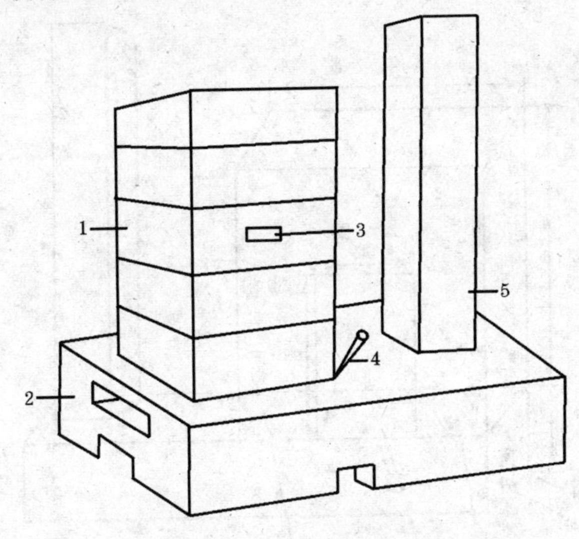

图3-10 简易木框灭菌灶

1.木框 2.炉灶 3.温度计 4.加水管 5.烟囱

③*砖砌专用灭菌灶* 灶体材料用钢筋、水泥和砖砌成。这种灭菌灶,密封性能好,1次可灭菌1000袋,大面积生产或专业性栽培时,必须使用此类灶,以适应白参菇生产需要(图3-11)。具体建造参数为:整体灶高2.8米,长2.1米,宽1.2米,分为上、下两部分。下半部分为灶体,灶体前设通风口,灶体后设烟囱,烟囱高3米以上;上半部分为灭菌仓,灭菌仓的

四壁用砖和水泥砌成 25 厘米厚的仓壁。仓的顶部用砖砌成圆拱形，应用水泥密封良好，仓壁一侧装有一长 1.2 米，宽0.9米的木板门，用于装袋进仓时用，靠近门的上缘留有 1 个小孔，供安装温度计用，以观察仓内温度情况。灭菌仓的顶部留有 1 个直径 1.5 厘米的通气孔，用于排除灭菌仓内的冷空气，

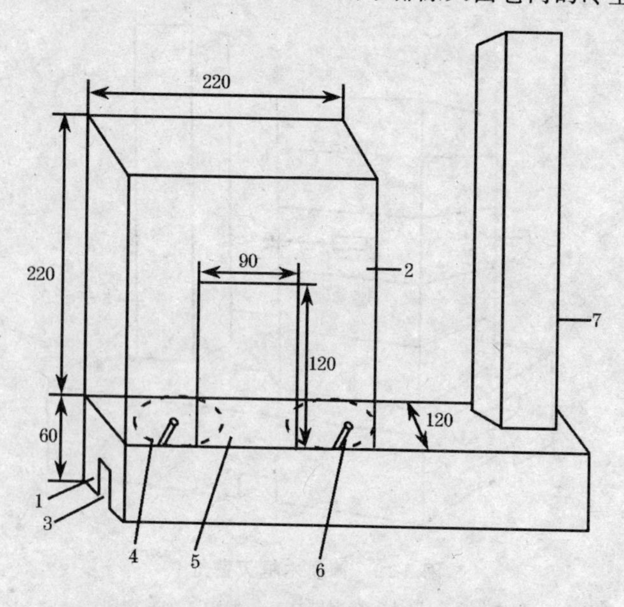

图 3-11　砖砌专用灭菌灶　（单位：厘米）

1. 灶体　2. 灭菌仓　3. 灶门　4. 铁锅
5. 木板门　6. 加水管　7. 烟囱

避免仓内冷空气导致仓内温度达不到要求标准。当锅内水气上来之后，通气孔的水蒸气直冲之时，再用装沙的袋子压在通气孔上，以密封灭菌仓，使仓内温度升高。灶体安有 2 口铁锅，铁锅上用弯曲金属管伸出仓外，以供观察水位和加热水

用，防止烧干锅，金属管下端处于最适水位线稍下，当锅内水位下降后，从管口喷出水蒸气，此时则应加热水。如加冷水会导致锅内水温下降。这种锅灭菌11～14小时即可，但需注意平时多观察是否漏气，发生漏气要及时维修。

2. 接种设备

(1)接种箱 接种箱又叫无菌箱，是一个用木条做成的，安装玻璃后的密封式的箱柜(图3-12)。接种箱由于空间小，可使灭菌彻底，因而接种成品率高，但效率较低，用于小规模接种用。如果接种量大，可以多制备几个接种箱同时进行接种。

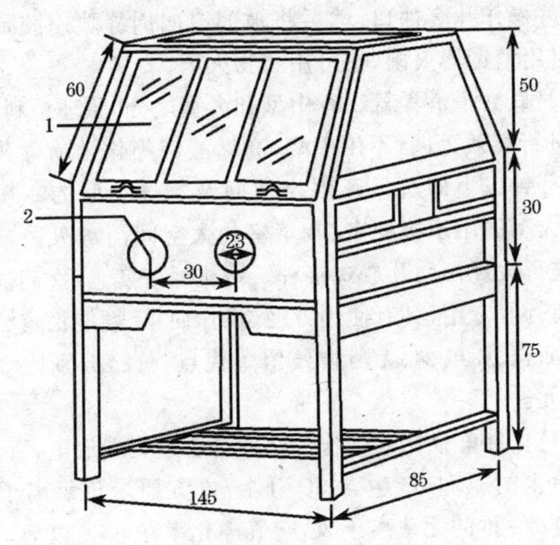

图3-12 接种箱 (单位:厘米)

1.玻璃窗 2.操作孔

接种箱样式很多，常见的有 1 个人操作的单人式和 2 个人操作的双人式两种。双人式的操作速度快，接种效率高。

接种箱的下部为支架，要牢固；顶部用薄木板封顶，前、后镶有玻璃的倒斗形的容器。单人式在一侧有 2 个操作孔，此侧有可供开启的玻璃窗，以供取放物品、接种工具和操作时观察所用。双人式则两侧均有操作孔和可开启的玻璃窗。操作孔上装有袖套，袖套两端均用橡皮筋封紧袖口。箱体正中顶部安装有 1 支日光灯和 1 个小型氧原子消毒器，整个箱体应密封良好以防杂菌侵入，缝隙处可用石蜡或普通蜡化成液态封住。

使用时将玻璃窗开启，将各种物品用具放入后，关上玻璃窗，扎好操作孔套袖口，然后将玻璃窗四周缝隙用胶带封好，开始启用消毒器灭菌，也可用药物灭菌。

(2)氧原子消毒器 有中型和大型之分，原理是利用臭氧(O_3)进行高效灭菌，不用甲醛、高锰酸钾等化学消毒药品，开机 30 分钟以上即可杀死限定空间及物体表面的一切杂菌。中型、大型的用于接种室、栽培室的大空间消毒灭菌，可以在室内进行大规模的开放式接种。该机经济实惠、性能优越，为食用菌行业专用，具有使用方便、操作简单、性能稳定、安全可靠、寿命长、耗电少、无药物残留等优点，价格分别为 500 元、1 000 元。

(3)食用菌接种净化机 原理是通过尖端放电，直流高压静电除尘的原理，产生含 50 万个/立方厘米负氧离子，风速 0.5～1 米/秒的无菌离子风，空气净化率在 95%以上，可在此无菌风区进行无菌操作。该机采用不锈钢针整体注塑，冲洗机芯方便，体积小，重量轻，耗电少，操作简单，性能稳定且效果良好。使用该机接种可以不用甲醛、高锰酸钾等化学药物和紫外线消毒，因而无化学残留物，也不用臭氧(O_3)，所以接种时对菌种有益无害，开机后可立即在机前进行连续开放式接种，相对于接种箱、接种室来说，接种速度提高数倍，菌丝不但萌发快，而且提高产量，是接种箱的换代产品。该机1次投资，长期受益，该机市场参考价为950元。

3. 菌种培养设备

(1)恒温箱 一般体积较小，只能培养母种和少量原种用。恒温箱为一封闭系统，可根据菌种需要的温度，恒定在一定范围内进行培养，但不具备降温功能，只能在秋季、冬季和春季使用，夏季室内需要空调机来保持恒温。专业性生产菌种的应购买，非专业性的也可以自己制造。

自制恒温箱可用木板或三合板制成双层夹板，夹板内装入棉花、木屑等隔热物，箱内上方安装乙醚膨胀片，能自动调节温度；箱中用木条钉成几层放菌种的格子；箱顶板中央穿孔处安装1套有橡皮圈的温度计；箱底部装几个100瓦以上的白炽灯泡，作为加热源，灯泡上串联1个温控仪。它可以自动控制温度，保持预设恒温。箱子的门上可装1块小玻璃供察看。如果箱内干燥，可在底部放一小盆清水加湿(图3-13)。

(2)多用途生物培养箱 又名智能出菇箱，是菌业公司最新研制成功的。可以提供各种温度、湿度、空气通风、光照等参数条件；可以满足不同生物繁殖生长条件，广泛应用于生物、医药、科学研究、农业植物培养等领域。特别是在食用菌领域应用前景广阔，如试管种保存、试管种扩繁、出菇试验等。该机性能简介如下。

①温度 可设定在0℃～40℃范围内，控制精度小于0.5℃，显示分辨率精度0.1℃，温度系统由制冷系统和加热

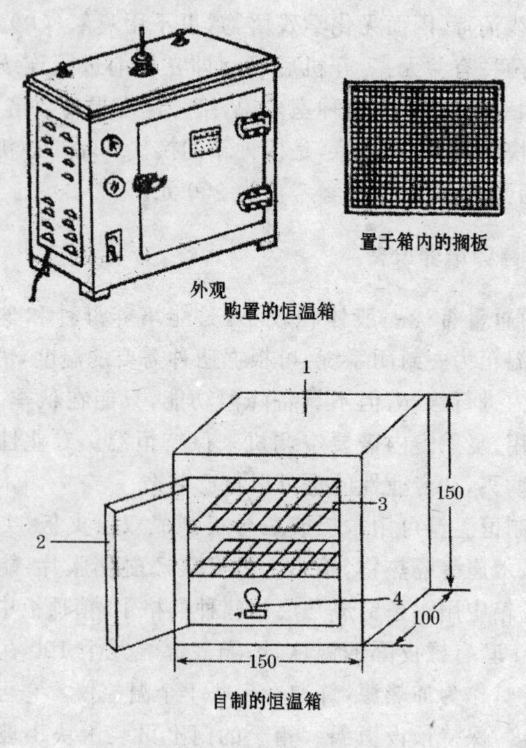

图 3-13　恒 温 箱　（单位：厘米）

1. 温度计　2. 木门　3. 木网架　4. 灯泡

系统组成，无论是设定温度高于或低于外界温度，均可保持自动工作运行。此外，为了保持整箱内温度均匀，装有均温循环系统。

②湿度　可设定空气相对湿度为 30%～99%，显示分辨率 1%，控制精度±2%。湿度系统由供水系统和雾化系统等组成，雾化系统采用先进的超声波雾化技术，雾滴直径小于 5

微米。

③通风　可以设定10个通风等级，可根据不同品种选定。通风系统由空气过滤器、低噪声高芯风机、排气口等组成，进入箱内的空气滤掉灰分和部分杂菌后，进入箱内夹层进行温度、湿度预处理后，再进入培养区。

④消毒　箱体顶部装有离子发生器，当培养完一批菌种或出菇完毕后，利用它可对箱内进行消毒。

⑤控制　温度、湿度、通风一旦设定输入，控制系统电脑即自动按设定条件控制。超过一定设定范围，有报警提示，显示器是带有背光的液晶显示屏。汉字提示，操作简单易学。

⑥体积　300～1 500升，300升(最小型)可装瓶约100瓶(750毫升)，装普通试管1 500只左右。

⑦支架　装瓶(试管)的支架可任意调整层间高度，以适应不同规格的瓶(试管)。

⑧功率　制冷功率(300型)127瓦，加热功率200瓦，加湿功率30瓦，其他30瓦，总输入功率260瓦，平均功耗1.8千瓦时/日。该箱设计科学、先进，在食用菌行业可用作专用试管保藏箱，试管恒温扩繁箱及出菇试验箱，对白参菇的选育、测产、试验、鉴别有很重要的作用，专业的菌种生产厂应该购置(图3-14)。

图3-14　多用途生物培养箱

(3)**电冰箱** 这是传统的供保藏母种与少量原种及低温试验用的设备。体积大可多放菌种,但不可太满,影响冷空气对流,以配置有微电脑自动显示控制温度为最佳。

(4)**空气调节器** 俗称空调。夏天由于气温高,冬天由于气温低,为了正常培养白参菇菌种,必须购置空调,以提供适合菌丝生长的适宜温度。空调以窗式为佳,可以做成封闭的制冷回路,使培养室与外界完全隔绝,使杂菌不能进入。

空调样式很多,功能不尽相同,制冷体积有大有小,购买时,应当根据自己的情况,因地制宜地去选择最适合的种类。注意空调有单冷和冷暖双用空调,应选择后者。

(5)**加湿器** 用于自动加湿的设备,以防止空气干燥,调节空气相对湿度,以适合白参菇在各个不同发育阶段的湿度控制。

4. 实验室设备

(1)**高倍生物显微镜** 用于观察白参菇和其他杂菌的菌丝和孢子的结构。

(2)**天平** 用于称量各种微小重量的试验材料和样品。

(3)**电热干燥箱** 用于测定各种物质含水量及其他干燥加热之用。

(4)**玻璃温度计** 用于测量各处的温度,一般应有1支150℃量程的。

(5)**干湿温度计** 用于测定培养室等处温度和湿度的变化。

(6)**量杯(量筒)** 用于量取液体的体积。

(7)**棉花** 用于蘸取酒精和做棉花塞。

(8)**纱布** 用于过滤混合液。

(9)**酒精灯** 用于接种时火焰消毒。

(10)注射器 用于液体菌种接种，宜用大容量的注射器，医用一次性注射器也可。

(11)聚丙烯塑料纸 用于菌种瓶封口。

(12)胶圈 用于菌种瓶封口，可用橡皮筋代替。

(13)记录本 用于记录每次制种栽培的数据。

(14)烧杯 用于制备培养基。常用的规格为500毫升、1000毫升等。

(15)接种工具 指分离和移接菌种的专用工具。可以购买，也可以自制。接种时根据接种对象和接种方法而需要不同的接种工具(图3-15)。

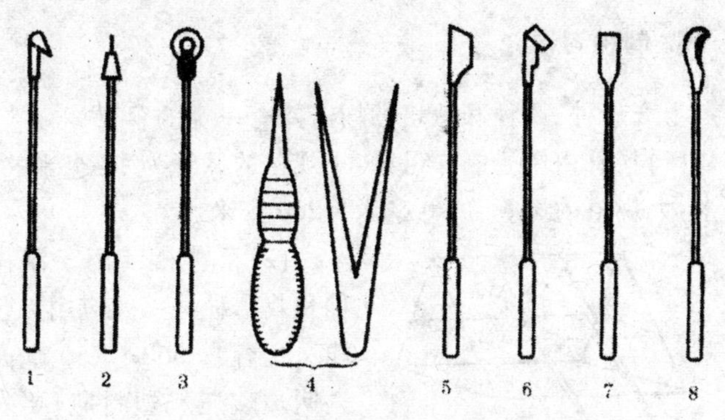

图3-15 接种工具

1.接种钩 2.接种针 3.接种环 4.镊子
5.接种刀 6.接种耙 7.接种铲 8.接种匙

①接种钩 用于钩取菌丝。

②接种针 用于挑取菌丝和孢子，可用100瓦废灯泡里的两根合金丝，弯成钩状，针尖磨尖。再用一根铝线敲扁，把针包进去，敲紧不松动，尾部用塑料套套住即可。

③接种环　用以移动切开的菌块，做法同接种针，只是要弯成直径 2～3 毫米的圆环。

④镊子　用于镊取移动菌块，可用医用镊子或自制。

⑤接种刀　用于将菌种切割成小块。

⑥接种耙　菌种切开后，用于移取菌种块。

⑦接种铲　用于铲取菌块，用铝线一头敲扁，另一头套上塑料套即成。

⑧接种匙　用以挖取并移动菌块，用铝丝一头打成小匙状即可。

⑨针架　用铁丝做成，用于放置接种工具（图 3-16）。

5. 制种容器

生产母种、原种和栽培种均需要有一定的容器。

(1)试管　用于制作母种，小规格的试管为 18 毫米×108 毫米，大规格的试管为 20 毫米×200 毫米。

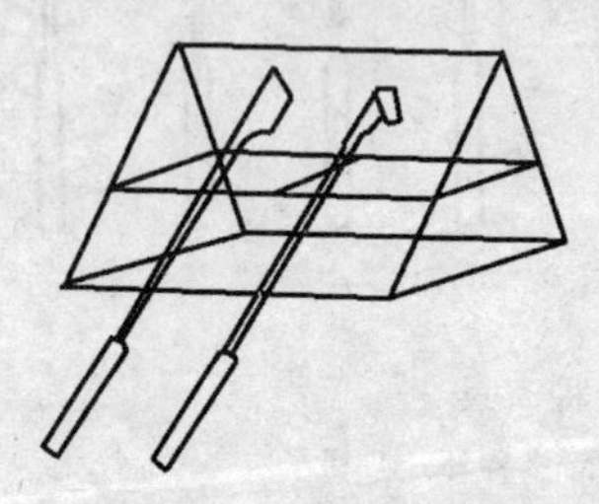

图 3-16　针　架

(2)菌种瓶　用于制作原种和栽培种。一般应用无色或浅绿色容量 500～750 毫升的透明玻璃瓶或塑料瓶，要求可耐高压高温。菌种瓶由专业厂家生产，但成本较高，如果购买不便，可以因地制宜，用罐头瓶等类似的广口瓶代替。代替瓶必须用洗衣粉洗净油脂及污物，然后用净水洗净。

(3)菌种袋　菌种袋用于装栽培种，一般有两种：聚丙烯和聚乙烯塑料袋，规格有 17 厘米×35 厘米，40～50 厘米×12 厘米等，厚为 0.5 毫米左右。

聚丙烯塑料袋，透明，耐高温高压(熔点为165℃)，但不耐低温，易折裂，不耐用。聚乙烯塑料袋，不太透明(乳白色)，灭菌时不能超过126℃，不易折裂，因而耐用。

用塑料袋成本低，不易折裂，运输方便，但由于柔软、易扎孔，相对于菌种瓶来说易受污染。

(三)机械设备

规模栽培白参菇时，为了提高生产效率，降低生产成本，应当购置采用各种机械设备。

1. 木材切片机

木材切片机用于把木材切成小薄片(图3-17)。ZQ-600

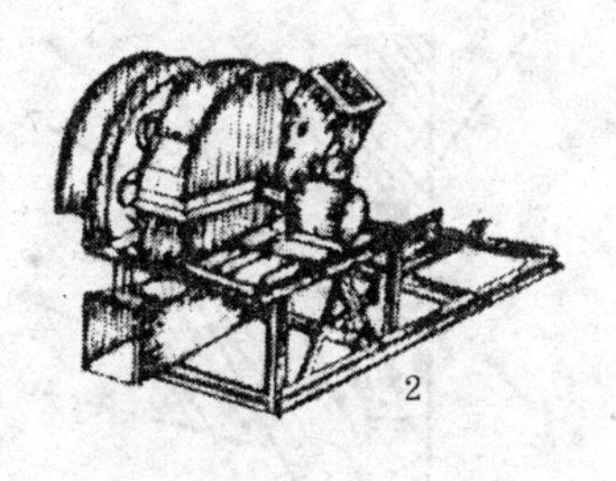

图3-17 木材切片机 (引自 中国食用菌)

1. MQ-700型木材切片机 2. ZQ-600型木材切片机

型吃料直径15厘米，可把枝丫材切片；ZQ-700型吃料直径22厘米，可把较粗的木材切片。木材切片机ZQ-600型切片机构造见图3-18所示，切片工作原理是:工作时用动力带动

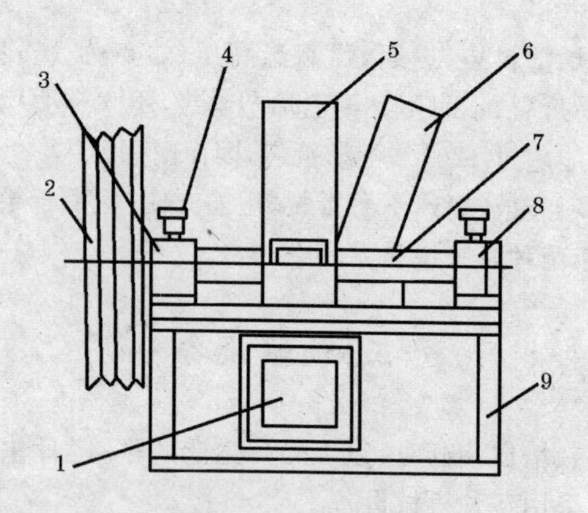

图 3-18　ZQ-600 型切片机构造示意　（引自 林静）

1. 出料口　2. 皮带轮　3. 后轴承　4. 黄油嘴
5. 机罩　6. 喂料口　7. 主轴　8. 前轴承　9. 机架

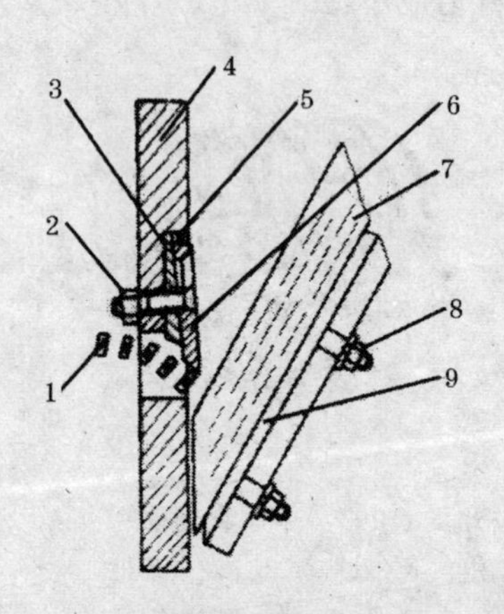

图 3-19　切片工作原理　（引自 林静）

1. 木片　2. 飞刀螺钉　3. 垫刀块　4. 刀盘
5. 飞刀调整螺钉　6. 飞刀　7. 木材
8. 底刀压紧调整螺钉　9. 底刀

皮带轮，经主轴使刀盘旋转，刀盘上装有飞刀，进料口装有底刀。木材由进料口送入，被飞刀切削成木片（图 3-19），由于惯性力和刀盘上分叶的吸抛作用和底刀的刀削作用，木片从机体下方出料口迅速抛出。每小时可切 1.5～2 吨。

使用切片机时，应着重注意以下几点：

①切片时，应在进水管接入适量冷水，以冷却刀片。②必须避免石块、金属进入投料口，以免损坏刀片；切片时投料要均匀，当机器转速减慢时，要减慢投料速度，待转速正常时再正常投料。③每隔 3 小时，要磨 1 次刀片，刀片过钝会降低产量。④投料口方向严禁站人，以免被木片击伤。⑤当投料口木材出现跳动现象时，要用木材尽量插满投料口，使之不再跳动。

2. 粉碎机

粉碎木屑必须使用粉碎机，粉碎机型号很多（图 3-20），额定电压、功率、台时产量、体积大小也很不相同，应针对自己的情况选用。9FT-40 型粉碎机结构见图 3-21。

图 3-20 粉碎机 （引自 中国食用菌）

1. 9FT-40 型高效粉碎机 2. 9ES-433 型高效粉碎机

3. 拌料机

用于搅拌培养料，可以大大提高搅拌速度，降低劳动强度，一般采用食用菌栽培专用拌料机，此类机械型号很多，应当选用结构简单，操作方便的型号，规格大小依据生产规模而

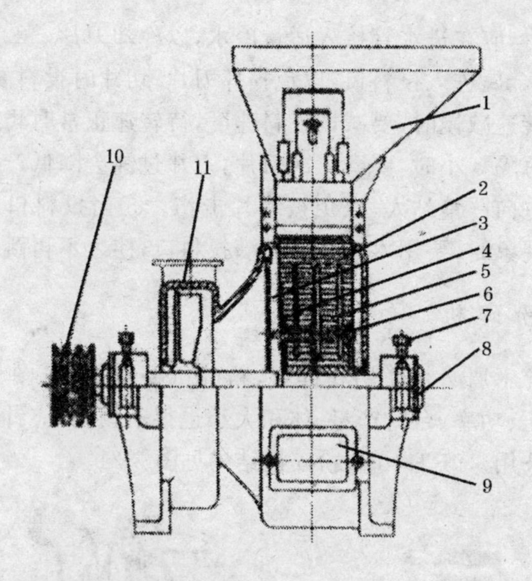

图 3-21　9FT-40 型粉碎机结构示意　（引自 林静）

1. 进料装置　2. 粉碎室　3. 侧筛　4. 小锤片　5. 锤片　6. 锤销
7. 黄油杯　8. 轴承座　9. 检查窗　10. 三角皮带轮　11. 排粉风扇

定。购买前，仔细阅读其性能说明，选取实用型的。常用的有 WT-70 型圆筒式拌料机（图 3-22）与河南省生产的 JB-40 型原料搅拌机、JB-60 型自动上料加水原料搅拌机等。

注意：拌料机的种类虽然很多，但就是要求将各种原料与水搅拌均匀。因此，不要使用一头进料，另一头出料或从上一头进料下方通过筛孔出料的小搅拌机。这样的搅拌机不能把料和水搅拌均匀，所以搅拌机的容量必须足够大。

4. 装袋机

供培养料装袋或装瓶用。装袋装瓶机型式有多种，大致

图 3-22 WT-70 型圆筒式拌料机

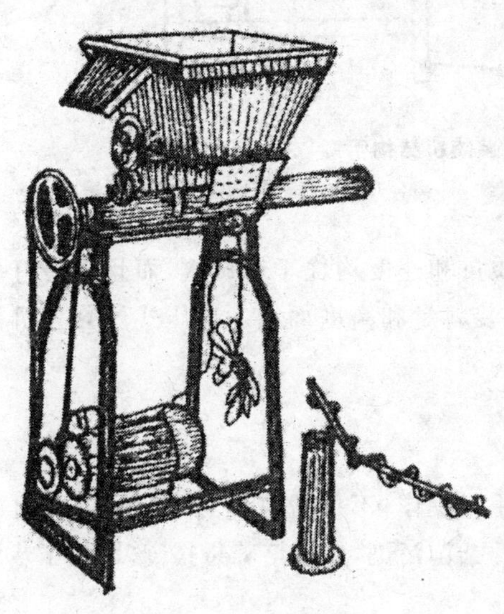

图 3-23 装袋机

可分为螺旋式和冲压式两大类。螺旋式市场上常见的有齿轮装袋机和链条装袋机两种类型。常用的有河南省生产的 ED-A 型的多功能装袋机，配用 0.75 千瓦电动机，照明电源，每小时装袋 800～1000 袋，可装不同折幅的栽培袋。有的装袋机还可以装瓶口直径为 28 毫米的玻璃瓶。一般装袋机所装塑料袋规格为 17 厘米×33 厘米×0.05 毫米。购买时注意事项同拌料机(图 3-23，图 3-24)。

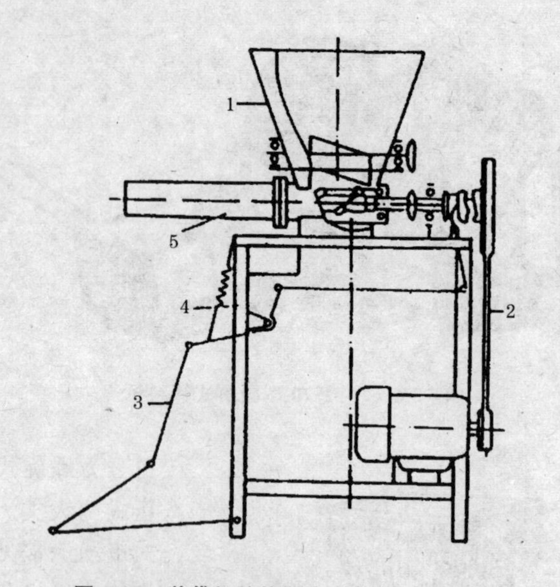

图 3-24　装袋机结构示意　（引自 陈慧等）

1. 料斗　2. 皮带　3. 离合开关连杆　4. 支架　5. 输送器

冲压式的装袋质量和速度均优于螺旋式，而且装袋打孔一次成功，松紧度依装料量和高度而定。冲压式可分为机械程度高和简单手动两种。

5. 接种机

传统的接种为手工操作，不仅费时费力，工效低，而且易由于操作不当而导致杂菌污染，造成培养袋报废，增加了栽培成本。

近年来有许多食用菌栽培设备专用厂家开发出了多种型号的接种机。使用接种机相比于手工接种而言，通常具有以下几大优点。

(1)效率高　一般比手工操作提高工效数倍。

(2)感染率低　菌种接种时处于和外界隔绝状态,因而成品率高于手工操作。

接种机都必须在严格的消毒和密封条件下进行。需要对机器和待接种的瓶(袋)外表、用具、菌种及工作人员体表进行严格消毒。否则,接种成功率降低。

接种机生产厂家较多,性能与价格相差也较大,购买时应当货比三家,依据生产规模而选用,一般有半自动接种机(图3-25)和先进的有全自动多功能装袋机(图3-26),可以自动进行料袋表面消毒、打穴接种,封穴口使用成卷农膜,自动封口粘合,使用220伏电源,功率2千瓦,每小时接1 200～2 400袋,规格为2.2米×0.66米×1.62米,重320千克。

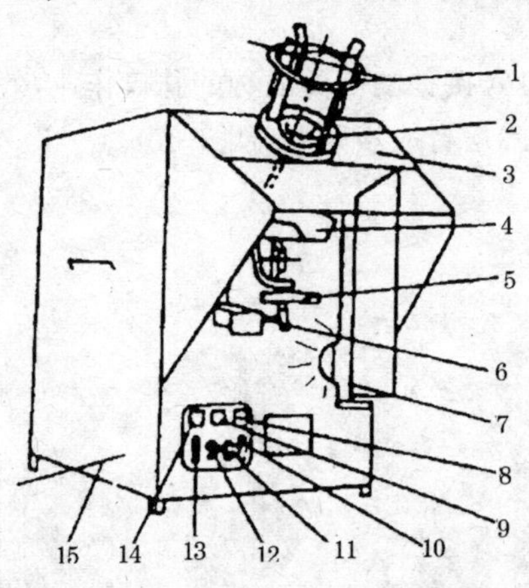

图3-25　2BJ-100型半自动接种机外形结构

1. 瓶夹　2. 菌刀　3. 瓶夹座板　4. 接种盘　5. 操纵杆
6. 挖种行程开关　7. 杀菌灯　8. 复位开关　9. 点动开关　10. 杀菌灯开关
11. 菌量调节旋钮　12. 保险丝　13. 照明开关　14. 电源开关　15. 电源线

图 3-26　菌袋全自动接种机

6. 菌袋扎口机

适用于打穴接种的菌类品种的扎口作业，效率高，扎口气密性好，规模栽培者应当购置(图 3-27)。

图 3-27　菌袋扎口机

7. 烘干机

烘干机型号较多，规格各异。购买时应当按照下述标准选用。

(1)多功能 应当适应于干燥多种食用菌，一机多用，最为方便、实惠。

(2)干燥快速 干燥速度快，不仅节约燃料，而且可使干品形状好，色泽正常。

(3)燃料通用 烘干机使用煤炭、干柴均可。

(4)组装简便 成本较低。

8. 增湿控温机

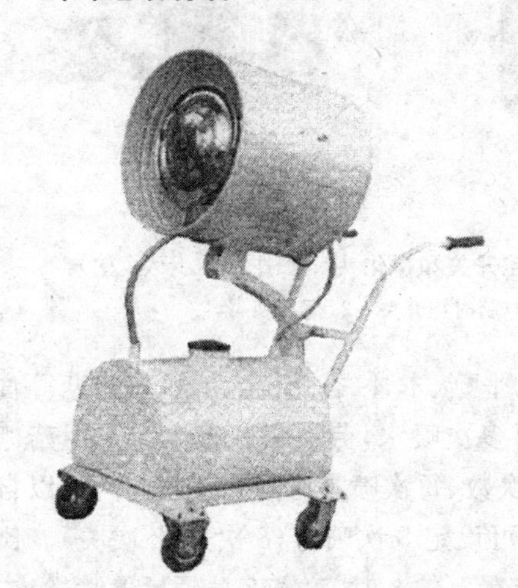

图 3-28 加湿器

如果大量生产白参菇，就必须备有温、湿调控设备。常用的有河南省生产的 PWT-3 型菇棚增温加湿机；增雾离心式增湿喷雾器，可喷出超微雾粒，使菇棚呈雾化状态，空气相对湿度可控制在80％～95％，并可降温；还有超声波加湿器等(图 3-28)。

9. 菇棚自动喷雾装置

菇棚自动喷雾装置由水泵、水管、微电脑时控开关、雾化头组成(图 3-29)。

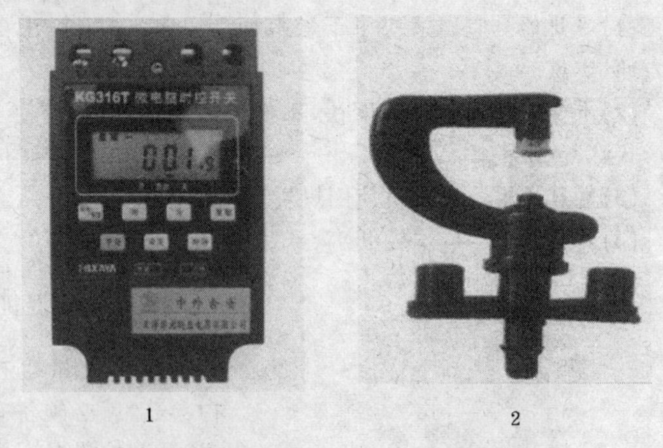

图 3-29　微电脑时控开关和雾化头　(引自　朱宏发)

1. 微电脑时控开关　2. 雾化头

(1)作用　白参菇、平菇、木耳、香菇、金针菇、蟹味菇等食用菌栽培场所每天需要多次喷水,劳动强度很大。采用菇棚自动喷雾装置后,喷雾次数、每次喷雾时间和开喷时间可以自行设定,24 小时内最多可设定 8 次喷雾(8 次开,8 次关)。比如第一次开喷时间设定在上午 8 时,喷雾 2 分钟后停喷,第二次开喷时间设定在中午 12 时,喷雾 4 分钟后停喷,如此可以设定下午和夜间开喷和停喷时间。设定后,由微电脑时控开关自动控制,并且可以根据喷雾要求随意更改设定。

(2)安装　例如,菇棚宽 6 米,每隔 1.5 米安装 1 根直径 2 厘米的水管,长度依据菇棚长度而定,共需要 4 根。在水管一侧每隔 1.5 米钻 1 个直径 0.5 厘米的小孔，插入雾化头，用 502 胶水点一下插口处，如此全部安装好雾化头后，接通水泵（图 3-30）。

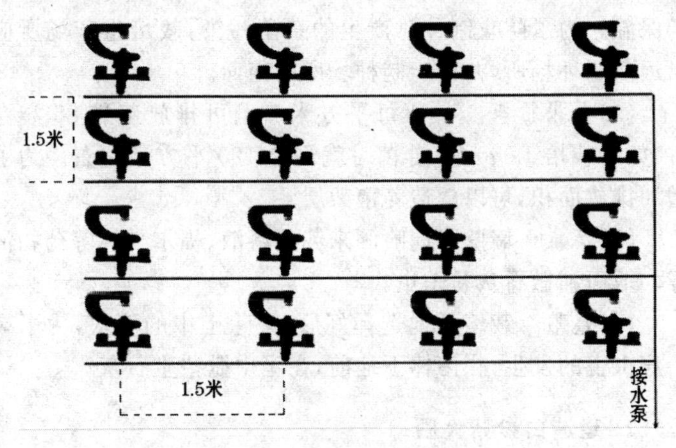

图 3-30　喷水装置安装示意　（朱宏发）

(3)成本　按 1 个菇棚宽 6 米，长 30 米计算。750 瓦水泵 1 台 300 元；水管 120 米，市价约 180 元；微电脑时控开关 150 元；雾化头 80 个 240 元，共投资 870 元。

（四）栽培生产场所

1. 栽培场地的选择

白参菇在发菌阶段不需要光线，因此白参菇的栽培场所应具有良好的遮光设施，通常是在大棚、温室等栽培场所进行栽培。

白参菇栽培生产场所具体要求如下。

(1)选址要求 栽培场地应选在容易管理、环境清洁、地势平坦或缓坡地、交通方便、靠近水源、用电方便的地方。为了防止积水，地势要高，并且排水方便，而且要坐北朝南，以利于保温。为了防止制种时产生的杂菌污染，栽培生产场所应当远离制种场所，并处于制种场所的南面。

(2)面积适当 一般每平方米养菌可排放菌袋 85 袋左右，如果栽培 1 000 袋，养菌时就需要 120 平方米左右。为了增加排放面积，可以建造养菌架层。

(3)消毒 墙壁四周喷洒来苏儿溶液、福尔马林等药物消毒。地面铺撒石灰粉杀虫。

(4)整地 栽培场地选择好后，去除土中的石块，为了减少病虫害的发生，在菌棒下地前，在土中撒些生石灰。

2. 建造白参菇大棚

栽培模式采取室内层架结构，建造合理的白参菇棚是取得白参菇高产的重要条件。根据白参菇的生物学特性，选择保温、保湿、通风良好、光线适量、排水顺畅、方便管理操作的白参菇大棚，要求白参菇棚地面清洁，墙壁光洁耐潮湿，白参菇棚大小要根据培养料多少而定，把白参菇棚建在有树阴处、靠近水源的位置最合适。培养料入棚前要严格消毒，空间用甲醛 5 毫升/立方米和高锰酸钾 10 克/立方米密封熏蒸 24 小时之后使用。

栽培生产场所可利用现有房屋、地下室或在地里搭盖简易菇房、塑料大棚等。如果条件有限，也可采用简易大棚。

(1)简易大棚 简易大棚是采用铝合金等材料为骨架，塑料薄膜等做覆盖物，以形成阴凉、低温保湿、通风好的空间环境。简易大棚具有建造快、成本低的优点，形式多种多样，骨架可采用铝合金、塑钢、竹子等材料。顶部可采用1～2层塑料薄膜，其上覆盖3～5厘米厚的稻草、麦秸等物，以便夏天防止太阳光直射，冬天保持温度。大棚一般长5～20米，宽2～5米，高2～3米，具体面积大小依照生产规模、地形等因素而确定。

简易大棚也可以采用墙壁型塑料棚，不仅坚固耐用，而且造价更低。具体建造方法是：两侧面及后面用砖砌成，也可用气块砖等类似材料建造成墙壁，高2～2.5米，宽5～8米，长10～40米，其内用竹子或铝合金作支撑架，上蒙塑料薄膜等覆盖物，墙壁一侧相连一间小屋，以供放置各种器具。大棚内设竹子或用水泥板架设的栽培床架（图3-31）。

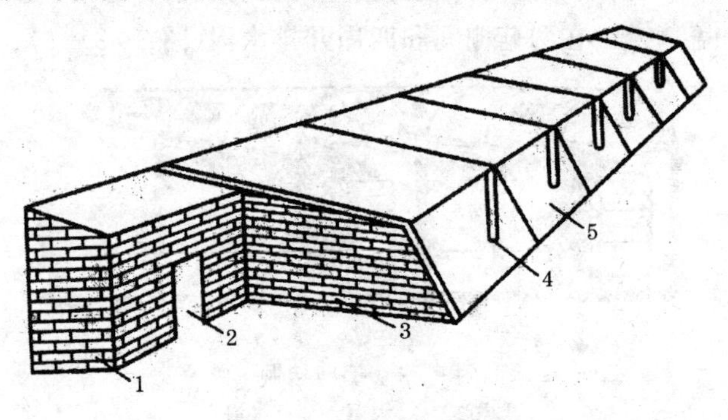

图3-31 墙壁型塑料棚

1.器具间 2.门 3.墙体 4.支柱 5.薄膜

(2)地沟菇棚 地沟菇棚是平地挖沟建造的，四壁和地面都是泥土的简易栽培设施。这种设施利用土壤是热的不良导体，有利于降低于外界温度的干扰，保温性好；又利用土壤是水分的良好载体，具有很高的持水能力，所以又有利于保湿。

建造地沟菇棚要选土层厚、土质黏、结构坚固、地下水位低、排水良好和水源方便的地方建筑。

地沟菇棚一般有地下式和半地下式两种。

①地下式地沟菇棚　山西省王柏松等介绍的地下式地沟菇棚，地沟菇棚最好是坐北朝南，东西走向，便于接受阳光，冬季不必另外使用采暖设施。窄型宽 1.6～2 米，宽型宽 2.5～3 米，沟长根据地形和需要而定，一般控制在 10～30 米，以利于通风并便于管理，沟壁高 2～3 米。地沟上架设水泥拱形梁或竹、木拱架，每隔 2～3 米（竹木拱架为 1 米）用铁丝固定 1 根横梁，然后覆盖薄膜，薄膜外用拱形竹片压紧固定。房顶每隔 3～4 米开 1 个 30 厘米×40 厘米的天窗，或在菇棚两侧开设出口风管，或在拱棚薄膜与沟壁间留有孔洞。最后，在拱棚顶覆盖草帘。在两菇棚间和四周开排水沟(图 3-32)。

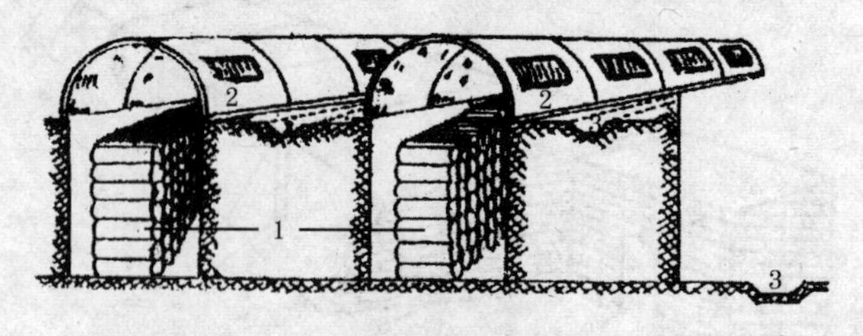

图 3-32　地沟菇棚

1. 菌袋　2. 天窗　3. 排水沟

②半地下式菇棚　河北省多建造半地下式地沟菇棚，地沟东西走向偏东 5°～8°，长 8～10 米，南北宽 3～5 米，地下深 1 米，将挖出的泥土堆放在地沟的两侧，拍夯成沟壁的地上部分，南墙低，北墙高，呈 30°角，墙上部分每隔 2 米开 1 个通气孔，孔下缘距地面 15～30 厘米，南北墙上的通气孔要对称，棚内最高处 2 米，地沟上边用竹木做顶架，覆盖塑料薄膜，外加盖草帘或秸秆等其他覆盖物，以保温和遮光。

四、原、辅材料选择

(一)主要原料

人工栽培白参菇的主要原料是木屑及棉籽壳、玉米芯、甘蔗渣等富含纤维素的各种农作物秸秆等。

1. 木　屑

木屑中含粗蛋白质 0.39%,粗脂肪 4.5%,粗纤维 42.7%,可溶性碳水化合物 28.6%等。

(1)最佳采伐期　树木休眠后和第二年萌发前,此时树干的营养最丰富,为最佳采伐期,采伐树木主要采用砍伐枝椏材或间伐两种方式,将采伐的树木放在通风阴凉处,以免长杂菌。

(2)木材切片粉碎　适合白参菇栽培的菇木,用于袋料栽培时必须先采用切片机加工成木片,再用粉碎机粉碎成木屑后才能使用。切好的木片经摊晒风干,含水率为 15%左右时即可粉碎。

2. 棉籽壳

又名棉籽皮,是棉籽加工榨油后的副产品,是栽培白参菇的原料之一。棉籽壳中含纤维素 37%～48%,木质素 29%～42%,蛋白质含量达 17.6%,比麦麸高 6.2%,脂肪含量 8.8%,比麦麸高 4%,具有营养成分高、质地坚硬、有利于菌丝逐步分解利用、后劲足等特点；而且棉籽壳的碳氮比为79～85∶1，质量稳定，形状大小一致规则，不用粉碎加工，残留有棉花纤维素，颗粒间空隙较大，因此培养料通气性好，十分有利于菌丝生长，取用方便。

棉籽壳作栽培原料时，要求必须采用无霉烂、无结块、无杂质、无生虫、干燥的，棉籽壳外观应色泽灰白或雪白色，而不是褐色，短绒适量，方可与其他辅料配合使用。

3. 玉米芯

玉米芯在我国大部分省、自治区都有种植，尤以北方为盛产区。玉米芯含有粗纤维 31.8%，可溶性碳水化合物 51.8%，粗蛋白质 11%，脂肪 0.6%及无机盐等营养成分。用时要求晒干，将其粉碎成绿豆大小的颗粒，不能粉碎成粉状，以免影响培养料通气，造成发菌不良。

4. 甘蔗渣

是糖厂榨过糖后的残渣，经除蔗髓的蔗渣，是制糖生产后的副产物，是一种大量的、未能充分利用的农产品资源，其化学成分与木材相似，含水分 18.34%，粗蛋白质 2.54%，粗脂肪 11.6%，粗纤维 48.1%，可溶性碳水化合物 18.7%等。

甘蔗必须选择色白、无发酵酸味、无霉变的，一般应用糖厂刚榨过的新鲜甘蔗渣，并要及时晒干贮藏备用。若是带有甘蔗皮的粗渣，要经过粉碎过筛后再使用，以防扎破栽培袋。

（二）辅助原料

辅助原料简称辅料，是指白参菇栽培料中常用的一部分配合营养料，如麦麸、玉米粉、钙镁磷肥、石灰粉、石膏等。

1. 麦 麸

麦麸又叫麸皮，是加工面粉后的副产品。麦麸是白参菇栽培中一种重要的辅助营养原料。用麦麸来调节培养料的碳氮比，可促进培养料中其他成分的利用，对提高产量有重要作用。麦麸中含有粗蛋白质 11.4%，粗脂肪 4.8%，粗纤维 8.8%，钙 0.15%，磷 0.62%。麦麸可分为粗皮、细皮；红皮、白皮等，其营养成分相同，但应该选择粗皮、红皮麦麸，因为这两种麦麸透气性好。白皮、细皮淀粉含量高，添加过多易引起菌丝徒长。

购买麦麸时要选用当年加工的新鲜麦麸，如果发生霉变、虫蛀或回潮结块的，则不宜选用，因为其营养成分已经破坏，使用时会导致白参菇产量降低。

2. 玉 米 粉

玉米粉的营养成分因品种和产地略有差别。一般的玉米粉中含有粗蛋白质 9.6%，粗脂肪 5.6%，粗纤维 3.9%，可溶性碳水化合物 69.6%，粗灰分 1%，尤其维生素 B_2 的含量高于其他谷物。白参菇培养基中加入少量玉米粉可以增加碳源，增强菌丝活力和抗衰老能力，提高产量。

3. 石 膏

石膏即硫酸钙，通常为粉状，弱酸性，在培养基配料中的用量为 1%～2%，可提供钙元素、硫元素，也起调节酸碱度的作用，不使过碱，钙元素还有促进子实体形成的作用。市场上常见的石膏分为食用、医用、工业用和农业用 4 种，价格有较大差距，一般栽培白参菇时，选用农业用石膏粉即可，其价格便宜，生熟均可，要求细度为80～100目。但要求纯度高，即色白，在阳光下观察有闪光发亮的为好，如果纯度低，即为色灰或粉红色，阳光下观察无光亮，不可用。

4. 石灰粉

石灰粉极难溶解于水，水溶液呈微碱性，可以提供钙、硫元素，调节培养基酸碱度，不使过酸。

（三）常用消毒与杀虫药剂

1. 表面消毒药剂

表面消毒药剂一般为水溶液，适用于皮肤、器皿、工具的表面消毒。

常用的表面消毒药剂如下。

（1）5%苯酚 又名石炭酸，化学式 C_6H_6O。3%～5%的水溶液可用于器皿表面消毒，但不可用于皮肤消毒，有腐蚀性，5%的苯酚溶液可用于喷雾消毒，配制用5毫升苯酚加上净水95毫升即可。

（2）75%酒精 又名乙醇，化学式 CH_3CH_2OH。无色透明液体，易挥发，易燃烧。75%左右的酒精溶液5分钟可杀死细菌营养体，杀菌力最强。因此，可用于皮肤和接种工具的表面消毒。配制时用95%的酒精70毫升加20毫升净水混合即成。

（3）0.1%升汞 又名二氯化汞，化学式 $HGCl_2$。可用于子实体及器具表面消毒。配制时用升汞2克，先放入少量酒精中溶解，然后加净水1 000毫升配制成0.2%的溶液使用。

(4)2%煤酚皂 又名来苏儿，紫黄色液体，消毒防腐药，用于手、器械和环境消毒。手消毒用1%～2%溶液，器械和环境消毒用5%～10%溶液。注意：本品对皮肤和黏膜有腐蚀性，切勿入口。遮光，密闭保存。

2. 空间杀菌药剂

空间杀菌药剂，一般为烟雾或气体，通过燃烧或混合熏蒸，可以对特定封闭空间及空间内壁表面的细菌和真菌进行灭菌消毒。

(1)气雾消毒盒 高效食用菌消毒剂，市售为灰色粉剂。其烟雾无孔不入，全方位渗透力强，可对接种箱、接种室和栽培房等需要灭菌消毒的空间各种杂菌病毒进行全面灭菌，灭菌有效率达98%以上，使用方便，点火即燃，即产生灭菌气体，气足烟大。对于食用菌生产中常见的绿霉、根霉、木霉等杂菌有强烈的杀灭作用。每立方米用量2～4克。30分钟就能达到灭菌效果，并且不留残毒，对金属有腐蚀性。该产品有仿制品，"科达"(KEDA)为正品。

(2)高锰酸钾 分子式$KMnO_4$，性质稳定，暗紫色晶状体，强氧化剂，溶于福尔马林，可以产生甲醛气体进行空间灭菌。每立方米用量1.5～2克，可消毒防腐。密封保存。

(3)福尔马林 即含甲醛37%～41%的水溶液，强刺激性气体，可以杀灭各种微生物，用于接种时接种箱(室)内空间灭菌。使用时将福尔马林和高锰酸钾按2∶1的比例混合即成，或者单将福尔马林加热也可。用量为每立方米8～10毫升。

(4)碘伏 化学名为四甘氨酸三碘化钾。棕黄色液体，溶于水，为广谱杀菌剂，可杀灭细菌、真菌、线虫等，用于封闭空间的接种室或接种箱等栽培场所的消毒。使用时喷雾消毒，浓度为50～300毫克/升。也可用于器具表面消毒，浓度为20～200毫克/升。稀释品放置过久失效，应随配随用。

(5)硫磺 分子式S。淡黄色易燃品，燃烧时产生二氧化硫烟雾具有杀灭杂菌的作用，并对金属制品有腐蚀作用，用于栽培场所灭菌。使用时，灭菌场所应保持湿润状态，每立方米用量为15～16克。

3. 拌料杀菌药剂

拌料杀菌药剂，在配制培养基时使用，其用途是杀灭培养基中的细菌和真菌。

施保功：施保克与氯化锰的复配剂，是广谱性咪唑杀菌剂。使用方法是在白参菇培养基中加入50%施保功可湿性粉剂，浓度为0.05%～0.1%。

4. 杀虫药剂

(1)阿巴丁 又名爱福丁、齐螨素、杀虫菌素、阿维菌素、齐墩螨素、灭虫丁、阿佛米丁、虫螨光、虫螨克、害极灭等，主要成分为从放线菌发酵产物中分离出的杀虫抗生素——阿维菌素，属于生物农药范畴。作用特点：为抗生素类杀虫、杀螨剂，属高毒杀虫剂。对鱼类、蜜蜂及水生生物高毒。对鸟类低毒，对害虫以胃毒作用为主，兼有触杀作用。主要阻碍害虫以运动神经信号传递，使虫体麻痹、不活动、不取食。残效期长。杀虫速度较慢。害虫不易产生抗药性。施用剂量低，对人、畜及环境安全，对作物安全。剂型有0.3%、0.9%、1%、1.8%乳油和0.05%、0.12%的可湿性粉剂。在白参菇栽培中防治眼菌蚊时用。

(2)乐农 主要成分为从放线菌发酵产物中分离出的杀虫抗生素——阿维菌素，属于生物农药范畴。

(3)敌百虫 淡黄色晶状体或粉末，溶于水，在水中逐渐分解失效，有胃毒和触杀作用，可防治许多种害虫，如跳虫、地老虎、蛴螬、地蛆，对人毒性不大。商品标号及剂量：90%固体800～1 000 倍液，高温慎用。

(4)乐果 广谱、高毒、内吸，有机磷杀虫、杀螨剂。有内吸及触杀作用，对人安全，遇碱受热易分解。20%、40%、50%乳油为黄色液体，有蒜臭味。贮藏：阴凉处密封保存。

使用方法：喷雾杀死害虫。

注意事项：一是不能与碱性药剂混用，以免失效。二是使用时严禁吸烟，施药后用肥皂水洗净手脸。三是高毒农药保管，谨防误服，用时随配随用，久置失效。四是本品为易燃品，贮藏及配药时严禁火种。五是为食用菌安全起见，生产过程中只能使用 1 次。

(5)除虫菊 高效、低毒菊酯类杀虫剂，杀虫广谱，药效迅速。除虫菊素为具有清香气味，黄色油状液体，有很强的触杀、胃毒和杀卵作用，可防治蚊、蝇等多种害虫，尤其防治对有机磷产生抗性的害虫效果良好，对人、畜安全。有除虫菊粉剂和除虫菊乳油等。

使用方法：5%乳油稀释 700～1000 倍液喷雾，粉剂一般为 1%，对水 20 倍液喷洒。

注意事项：一是不能与碱性农药如波尔多液等混合使用。二是对水生生物、蜜蜂、蚕等高毒，不可以污染池塘或蜂、蚕饲养场地。

(6)辛硫磷 一种高效、低毒、低残留的杀虫剂。防治苍蝇、跳虫、螨类效果良好，有很强的触杀与胃毒作用，使用时将50%的辛硫磷稀释1 000～1 500倍液喷雾于需要使用的房间。

(7)烟碱草 速效杀虫剂，内含烟碱。烟碱有挥发性，无色、无味、油状液体，见光或空气则变褐色并产生强烈刺激性臭味，可防治绝大多数害虫，而且效果迅速。对人、畜毒性较高，但无药害。

(8)食盐 5%的水溶液可防治蛞蝓、蜗牛。

(9)灭蚁灵 专门消灭白蚁的药剂，喷施使用或按照使用说明书使用。

(10)自制灭蚁粉 配方为亚砷酸80%，水杨酸15%，氧化铁5%，可杀灭白蚁。

(11)菜籽饼 1%溶液可防治蜗牛、蛞蝓等。

五、白参菇菌种生产

菌种(spawn)是食用、药用菌科学研究、教学与生产的最基本材料。白参菇菌种是白参菇栽培生产的根本,是白参菇栽培生产取得成功的保证。

菌种生产的目的是生产出优质菌种。优质菌种有2方面标准:一是指菌种本身的特性优良,如高产、优质、生命力强。二是指菌种纯度高,无杂菌、害虫等。优质菌种菌丝生长速度快,从而可以抑制杂菌生长,而且优质菌种菌丝的分解和吸收养分能力强,可以使子实体出菇快,品质好,产量高。

实践栽培证明,在相同的栽培生产条件下,优质白参菇菌种可比普通菌种增产100%～300%。因此,从生产利润来说,必须十分注意优质菌种的引进和选育。

(一)优质菌种的选育

1. 优质菌种特征

(1)长速 白参菇的品种在一定的环境条件下有其固定的长速。优质菌种均有正常的相对较快的长速。如果菌种长速明显较慢,则可以认为是退化的劣质菌种。

(2)长相 优质菌种在一定的环境条件下有特定的生长特征,优质菌种肉眼可以观察到的是气生菌丝较多,菌丝体比较厚,菌落边缘整齐,正常情况下无色。

(3)继代遗传均一性 优质菌种进行继代培养后,继代培养种与原菌种在长速和长相上基本一致。

(4)气味 优质菌种有较浓厚的特有的清香气味，劣质菌种则常有各种刺鼻异味。

2. 白参菇菌种选育原理

白参菇的遗传和变异是菌种选育的基础，变异是适应不同的环境需要，变异通过遗传而获得相对稳定。

菌种选育因而有 2 方面内容：一是利用自然或人工方法，促使菌种产生变异。二是通过选育，把有益的变易遗传下来，培育出高产速生的优质菌种。

3. 自然选育方法

自然选育是结合生产进行的一种方法，白参菇容易发生变异，在栽培生产过程中会在群体中发现变异的子实体，这个子实体如果在适合的培养环境中，就会逐渐地显示出它的生长优势，这种没有经过任何人工处理，然后分离出来的选育方法就是自然选育。

4. 菌种生活条件

菌种的质量受环境因素的影响很大，不良的环境因素会导致菌种退化甚至不能生长。

人工培育菌种，需要根据菌种对营养的需求，合理地配制营养成分，同时满足其所需的生长因素如温度、湿度、光照等生长发育的条件，才能培养出优质菌种。

5. 菌种的分类

白参菇菌种分为母种、原种和栽培种 3 级。菌种的制作过程，实际上就是白参菇菌种的逐级扩大过程。

(1)母种 是经出菇鉴定后，品质优良、遗传性状稳定的纯菌丝体。一般用试管培养，又是菌种制作第一工序，因此又叫试管种或一级种。由于其菌丝生长在斜面上，也称斜面种。母种适于菌种保存。母种的菌丝体比较纤细，分解养分的能力较弱，需要在营养丰富的培养基上培养。

(2)原种 由母种扩大转接到其他固体培养基上的菌种，又称二级种或中间种。培养原种的目的是繁育原种，使菌丝逐渐粗壮，分解物质的能力加强。

(3)栽培种 由原种扩大繁殖而成的菌种，又称三级种或生产种。一般用玻璃瓶或塑料袋在固体培养基上培养。现在栽培生产中多有采用液体培养基培养的，这样的菌种即液体菌种。

6. 菌种生产工艺

菌种生产工艺见图 5-1。

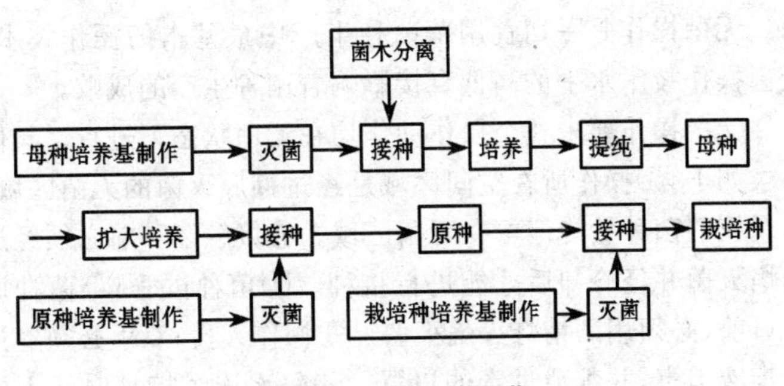

图 5-1 菌种生产工艺

（二）灭菌消毒与无菌操作

1. 灭菌与消毒

自然界存在有各种微生物，为了培养有益的微生物，消灭有害的微生物，逐渐产生和发展了灭菌和消毒技术。灭菌与消毒不完全一样。灭菌是利用物理或化学方法杀死物体上或密闭环境中的一切微生物及其芽胞和孢子，即彻底杀菌。消毒是杀死物体表面或环境中的部分有害微生物，即非彻底杀菌。

灭菌与消毒是白参菇生产的基本环节，各种培养基配制后，都应立即灭菌后才能接种。制种场所及各种器具，都应进行消毒，保持无菌操作。

2. 无菌操作

无菌操作是一切食用菌菌种生产中最基本的操作技术。无菌操作技术水平的高低直接影响着菌种生产的成败。

无菌操作要求整个操作动作均在无菌状态下进行。具体要求如下：①操作所在空间区域是经过彻底灭菌的无菌区域。②暴露的菌种始终停留在无菌区域。③接触菌种前必须经过火焰灭菌并经冷却后才能进行接种。④菌种试管口、菌种瓶开口前，必须用酒精灯火焰灭菌。⑤操作人员，双手必须经过消毒液消毒，并戴消过毒的口罩。⑥每次连续接种时间不能过长。

(三)母种分离与培育

1. 培养基配制

母种培养基一般用于母种的分离、提纯、扩大、转管及保存等,通常用试管作为盛装容器。故又称试管斜面培养基,但也有用培养皿或三角瓶作盛装容器的。

(1)配方与制作 这里介绍白参菇常用的几种母种培养基配方和制作方法。

配方1 马铃薯葡萄糖琼脂培养基(PDA):马铃薯(去皮)200克,葡萄糖20克、琼脂20克、水1000毫升。

制作方法:选择新鲜、无病虫害、无烂斑的优质食用马铃薯,洗净去皮,有发芽的要挖净芽眼并削去青皮,切成薄片,称取200克,加水1000毫升,煮沸后小火保持沸腾20～30分钟,以薯块酥而不烂为度。趁热用6层纱布过滤取其滤液,若滤液不足1000毫升,则加水补足。然后将浸水后的琼脂加入马铃薯滤液中,继续用文火加热至全部溶化为止。加热过程中要用筷子不断搅拌,以防溢出和烧焦。然后加入葡萄糖补足水分到1000毫升,搅拌均匀溶化后,趁热装入试管或三角瓶备用。

配方2 PDA加富培养基:马铃薯200克(去皮,煮汁),麦麸100克(煮汁),葡萄糖20克,磷酸二氢钾2克,硫酸镁0.5克,琼脂20克,水1000毫升。

制作方法:马铃薯薄片制作同配方1,称好后,称取200克麦麸一起加入1000毫升水中,煮沸后小火保持沸腾20～30分钟,以薯块酥而不烂为度。趁热用6层纱布过滤取其滤液，若滤液不足1000毫升，则加水补足。然后将浸水后的琼脂加入马铃薯滤液中，继续用文火加热至全部溶化为止。加热过程中要用筷子不断搅拌，以防溢出和烧焦。然后加入葡萄糖、磷酸二氢钾和硫酸镁，补足水分到1000毫升，搅拌均匀溶化后，趁热装入试管或三角瓶备用。

配方3　马铃薯综合培养基：马铃薯200克（去皮，煮汁），葡萄糖20克，磷酸二氢钾0.5克，蛋白胨3克，硫酸镁0.5克，琼脂15克，水1000毫升，pH值自然。

制作方法：基本同配方2。

配方4　马铃薯200克，葡萄糖20克，蛋白胨1克，琼脂20克，磷酸二氢钾3克，硫酸镁1.5克，水1000毫升，pH值自然（郝瑞芳，李荣春.2007）。

制作方法：基本同配方2。

配方5　复合树汁母种培养基：是用千斤鹅耳枥（俗称半拉子树）的树汁为主要原料，与活性炭、葡萄糖、黑米蛋白、维生素等经发酵处理，再经低温提取、精制而成的一种使用方便、性状稳定的粉剂，具有使用简单、节省时间之效（由王金龙研制）。

制作方法：打开一包粉剂活化后，放入1000毫升水加热煮沸，然后开始分装试管备用。

配方6　葡萄糖20克，硫酸镁0.5克，磷酸二氢钾1克，蛋白胨2克，酵母膏3克，琼脂16克，水1000毫升，pH值4.6。

(2)定容与调节pH值　制好的液量如不足1000毫升可加水补足。当加入的化学药品全部溶化后，用pH试纸检测其pH值，一般pH值应为5～6，如高于6，可用酸性调节剂食醋或0.1%～0.2%的柠檬酸调低至6；如低于5则用碱性调节剂 0.1%～0.2%的氢氧化钠或1%的碳酸钠或碳酸氢钠调高至5。

(3)分装试管 将配制好的培养基趁热(60℃)倒入事先准备好的量杯中，用玻璃漏斗和汤匙分装入试管。试管常用的规格是高度为18～20厘米，口径为18～20毫米，分装试管的设备可用带铁环的铁架。

培养基过凉时，琼脂逐渐凝固，不易流出，故要趁热分装。分装时，小心操作，试管要直立，培养液不可沾于试管口内壁上，以防日后长出杂菌，如果不慎试管口附近沾上了培养基，待凝固后用接种钩取出，并用潮湿的纱布擦拭干净。每支试管的培养基分装量以至试管下部的1/5～1/4高处为宜(图5-2)。

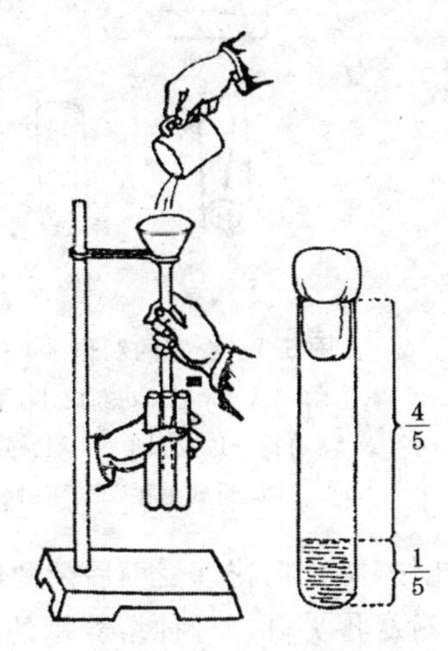

图5-2 分装试管

(4)塞棉塞 一定要用干净的、新的棉花制作棉塞，不可用旧棉絮代替，也不宜用医用脱脂棉。将棉花做成较坚实、上下粗细均匀的棉塞，塞入试管内约2厘米，外留1厘米长，以不松不紧为度(图5-3)，其作用是既能通气，又能防止杂菌侵入。塞时不能将棉塞旋转塞入，以防止留下螺旋状缝隙，使杂菌由此侵入(图5-4)。然后取5～10支试管为一束，用聚丙烯塑料薄膜或牛皮纸或硫酸纸包装好试管上头，用橡皮筋或

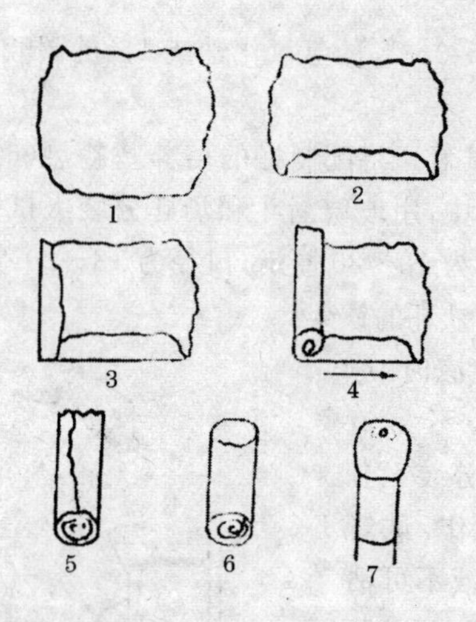

图 5-3　棉塞的制作　（引自　李育岳等）

1. 把棉花撕成片　2. 折一边

3. 再折一边成直角　4. 卷棉柱　5. 卷成的棉柱

6. 折叠毛茬　7. 将折叠端塞入试管

细线扎住，防止棉花塞受潮后杂菌侵入（图 5-5）。

(5)高压灭菌　母种培养基的灭菌，要使用高压锅，不能使用常温常压锅灶，以免灭菌时间过长，培养基营养成分受到破坏，不利于菌丝生长。

高压灭菌时将扎好的试管束，放入手提式高压灭菌锅内加热灭菌。操作步骤如下：一是高压锅内加水至标记高度，不可过多与过少。二是上锅盖时，关好排气阀。三是试管应竖放于锅内。四是锅内气压上升到 50 千帕时，放开排气阀，排净锅内冷气，至气压为“0”时再关紧排气阀，等气压升至 108 千帕时保持 30～45 分钟，才能灭菌彻底。五是气压避免过大，过大时应调小火力。六是让蒸汽慢慢排出，太快时气压下

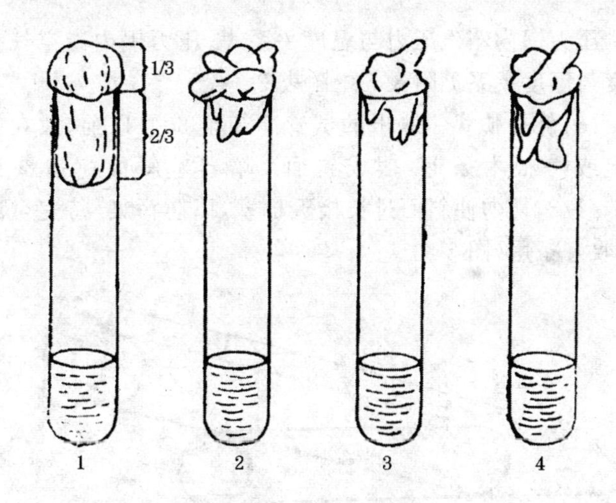

图 5-4　试管的棉塞

1. 正确　2,3,4. 不正确

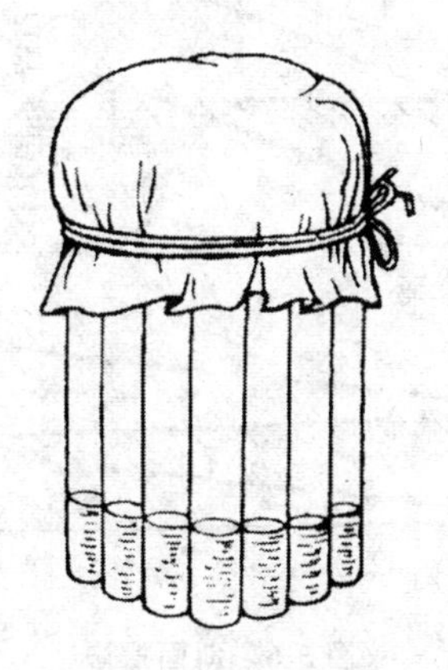

图 5-5　试管包扎成束

降过快易导致试管破裂,而缓慢排气则可以烘干棉花塞,以防止湿的棉花塞污染杂菌。

压力锅内蒸汽压力与温度关系表、压力锅内冷空气排除程度与温度关系见附录5中附表2。

(6)斜摆试管 取出的试管冷却至60℃以前，放在斜面架上或一根木条上，摆成斜面。培养基斜面应占试管的1/3～1/2，切勿使斜面过长接近棉塞，以防污染，待完全凝固后，收好备用（图5-6）。

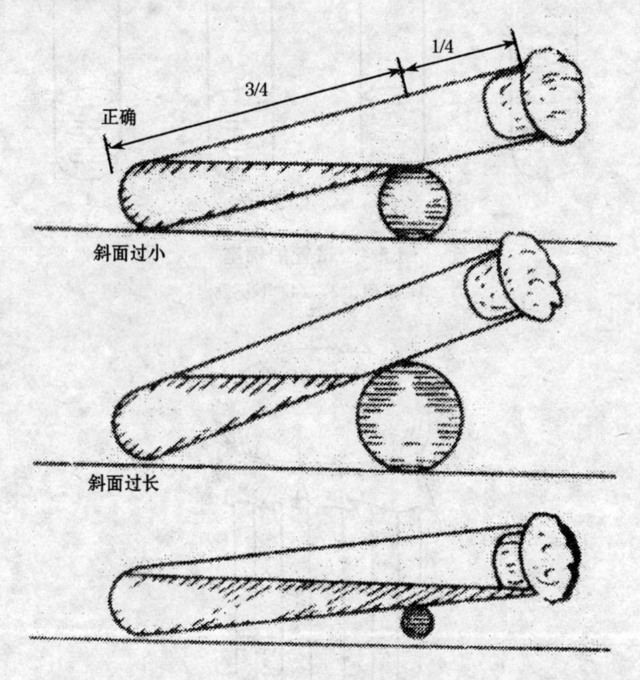

图5-6 斜面摆法

(7)无菌测定 斜面培养基灭菌后，应进行无菌测定，确定无菌后，方可使用。初次进行制种的工作者尤其应做此项测定，以免灭菌有误造成制种失败。测定方法是：随机或全部取出试管，放于28℃的恒温箱中（夏天室内也可）空白培养6～7天，如斜面干净依旧，没有任何杂菌生长现象，即可使用。如果斜面上有杂菌生长，则须延长培养基灭菌时间，经再次试验确定灭菌时间。

2. 母种的分离制备

(1)菌种分离 白参菇子实体薄，用组织分离法非常困难，一般采用菌木分离方法，分离培养基中一般不宜添加蛋白质含量高的成分。蛋白质含量高，营养丰富，分离时易发生细菌污染。取长有白参菇子实体菌木，锯3厘米厚的短木片。在无菌条件下，将木片外表用火轻轻灼烧，杀死表面杂菌。用经过灭菌的刀片将木片的表皮层切去，取长有白参菇菌丝的一小块，移入PDA培养基试管中，接种的试管，放于22℃～25℃、无光或弱光、通气性良好的培养室中培养。白参菇菌丝呈白色，有气生菌丝，经分离纯化就可以得到白参菇的母种。进行菌种选育时可采用孢子分离法。

分离获得的菌种应提纯，挑选菌丝粗壮、生长整齐、气生菌丝少、培养基内菌丝较多的试管母种，再进行1次提纯培养，就可以得到纯菌种，分离成功的纯菌种，菌丝白色，粗壮整齐，气生菌丝少；气生菌丝浓密的菌种生产性状不好。然后再进行出菇试验，从中筛选育出优良的白参菇菌种。

(2)出菇试验 分离制得的母种，仅从菌丝生长情况、菌落形态上还难以准确判断优劣。要保证菌种质量，还必须要做生物学鉴定，即做少量出菇试验。试验方法是：把母种接入瓶装或袋装的棉籽壳培养基上，经过25℃的恒温培养，待白色菌丝长满瓶或袋，把瓶子敲掉上半部分，或割破袋栽的薄膜,进行温差刺激,同时加湿,加大通风,并给予光线刺激,使原基分化出菇。通过出菇试验,观察该菌株表现,做好记录,掌握菌种特性,确定菌株代号,贴好标签,才能供大面积生产之用。

(四)原种制作技术

白参菇母种经过出菇试验后,选择菌丝健壮洁白、生长旺盛、无杂菌的优良母种试管扩制原种,以满足生产上接种的需要。

原种的制作时间应根据当地栽培季节的先后,分期分批进行,通常在接种期前20～30天开始。

1. 原种培养基配制

原种培养基一般是用天然营养物质,加入适量的辅助原料而制成的半合成培养基。此处介绍菌种生产上常用的几个培养基配方。为了培育出优质菌种,可以因地制宜选择配方。白参菇原种的培养基有:木屑、麦麸培养基、棉籽壳培养基或小麦或玉米粒培养基。

(1)木屑培养基

配方1　杂木屑88%、麦麸10%、石灰1%、石膏粉1%,含水量65%～68%。

配方2　阔叶树木屑78%,麦麸20%,蔗糖1%,石膏粉1%(或碳酸钙1%),或加一定比例的尿素、碳酸钙、硫酸二氢钾,含水量60%。

配方3　阔叶树木屑74%,麦麸25%,蔗糖0.8%,硫酸铵0.2%。

配方4　阔叶树木屑66%,麦麸30%,蔗糖1%,石膏粉1%,黄豆粉1.5%,硫酸镁0.5%。

配方5　杂木屑60%、棉籽壳20%、玉米粉8%、麦麸10%、石膏粉1%、葡萄糖粉1%,含水量65%~68%。

配制方法:按配方称取原料,先将糖等可溶性辅料溶解于水,麦麸、石膏粉等辅料干态混合均匀,再与主料木屑充分搅拌均匀,加清水拌料,调至含水量为60%~65%,pH值调至5~6。

(2)棉籽壳培养基

配方1　棉籽壳98%,蔗糖1%,石膏粉1%。

配方2　棉籽壳83%,麦麸15%,石膏1%,蔗糖1%。含水量60%(郝瑞芳,李荣春.2007)。

配方3　棉籽壳78%,麦麸20%,蔗糖1%,石膏粉1%,含水量60%。

配方4　棉籽壳68%,麦麸18%,木屑10%,玉米粉2%,石膏1%,白糖1%。

配制方法:按配方配制主料和辅料,先将棉籽壳加适量水拌匀,堆闷3~4小时,使其吸水,然后和辅料混匀,调至含水量为60%~65%,pH值调至5~6。

(3)小麦或玉米粒培养基

配方1　小麦98%,碳酸钙(或石膏粉)2%。

配方2　小麦90%,木屑8%,碳酸钙(或石膏粉)2%。

配方3　玉米粒100%,另加0.2%多菌灵(用于浸泡玉米粒)。

配方4·玉米粒70%,阔叶树木屑25%,麦麸4.4%,石膏粉0.6%。

配制方法:先选用无病虫害的小麦粒或玉米粒,用清水浸泡 8～12 小时(玉米粒需用 0.2%多菌灵浸泡 8～12 小时)，稍滤干，加石膏粉或碳酸钙等辅料，调至含水量为 60%～65%，pH 值调至 5～6。

水分测定方法：水分的标准测定是用水分测定仪测量。手中握一团培养基，将仪器插头插入料中 5 分钟后，观看仪表读数。没有水分测定仪的可用手握法测定：即用手握紧一团培养基，握紧手后如果指缝间有水珠溢出，但不下滴，伸开手指，料在掌中成团而不裂开，掷进料堆四分五裂，落地即散，则含水量适中；若料在掌中成团即裂，掷进料堆即散，表明太干；如水珠成串下滴，掷进料堆不散，说明太湿。检测后，如果培养基太湿，则需要摊开培养基，让水分蒸发至适度即可，记住不能掺干料来降低水分含量，否则会引起培养基成分比例失调；如果培养基水分太低，则可以加水调至适中，但要搅拌均匀。

搅拌时，量少可用人工拌料，量大时应用搅拌机(也可采用建筑行业上使用的搅拌机)以提高搅拌效率与搅拌质量。使用建筑行业搅拌机时除按照操作规程外，加料前应先清除搅拌机内异物，搅拌时按比例加入主料、辅料和水，每次搅拌 3 分钟即可。

测定酸碱度：白参菇培养料酸碱度(pH 值)以 5～6 为宜。测定方法：称取 10 克培养料，加入 20 毫升中性水中，用 pH 试纸一张，一端用小镊子夹住，置另一端于试样的澄清液中蘸一下，立即与比色板比较色泽，确定 pH 值，即可测出酸碱度。有条件的，应该用酸度计进行精确测定。检测后，如果培养料偏酸(pH 值＜5)，可加 4%氢氧化钠溶液进行调节，若偏碱性(pH 值＞6)，可加入 3%盐酸溶液中和，直至适度为止。实际栽培中，为防止酸性增加，多用适量石灰水调节。

测定水分和酸碱度后装瓶、灭菌备用。

2. 装瓶灭菌

(1)装瓶 配制好的培养基及时装入原种瓶内。

白参菇常用原种瓶要求用符合规格、大小适中、透明的容积为 750 毫升的广口玻璃瓶或聚丙烯菌种瓶或 14 厘米×28 厘米的透明耐高温的塑料瓶。

装瓶时，先装入 2/3 瓶，右手握住瓶颈，放在左手掌上叩击几下，使培养基自然装实，然后再装至瓶颈，再用捣料器将培养基压平至瓶肩处，使上紧下松，以利于空气进入，松紧要适中。然后用直径 1.5 厘米的打孔棒(锥形硬木)在瓶内培养料中央插 1 个 4/5 深的锥形洞，这样有利于菌丝生长发育(图 5-7)。然后用可耐高温的聚丙烯薄膜盖住瓶口，用 2 个橡皮筋从瓶颈处封好，开始灭菌。

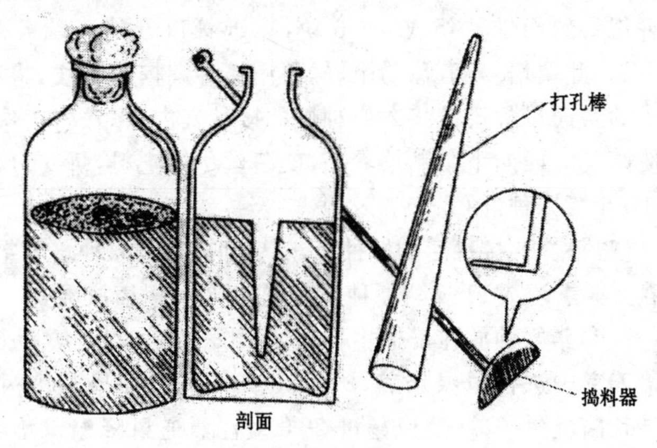

图 5-7 装瓶方法

(2)灭菌 原种培养基的灭菌标准按照母种培养基要求。

不同的培养基,其灭菌温度和时间不尽相同。棉籽壳培养基的高压灭菌,应在放完冷气后,在147.1千帕下,灭菌3小时,在常压灭菌100℃后,保持8小时;木屑培养基高压灭菌在147.1千帕下,保持2小时,在常压灭菌100℃下,保持8小时;采用塑料袋装的,在以上灭菌时间基础上再延长0.5小时,才能彻底灭菌。

3. 接种培养

(1)接种 原种培养基冷却到28℃以下时,才能进行封闭式无菌接种。用0.1%的高锰酸钾溶液浸湿干净的毛巾将原种瓶外壁擦净后,和白参菇母种及接种用具等一起放入接种箱内。

灭菌时按照消毒盒上的用量点燃后,密闭40分钟开始接种。接种时要严格按照无菌操作规程进行,在无菌条件下,用接种耙将斜面母种切成4～6块,靠近管口处的1块要略长些,因为此块培养基薄,易干燥,再用接种匙挖取1块,将豆粒大小的斜面母种迅速接入原种瓶的接种穴内,每穴内1块,并且使菌丝一面向下紧贴培养基,使菌丝尽快吃料,每支母种接种4～6瓶原种(图5-8)。

(2)培养 接种后的原种瓶,随后即应移入原种培养室中。培养室要求清洁、干燥。原种瓶宜直立,也可以横放堆叠。

白参菇原种放在最适生长温度25℃、空气相对湿度65%的培养室中进行恒温培养,25～30天长满。如果温度过高,会导致菌丝生长差,所以超过28℃应注意通风降温。培养室窗户应用黑布遮光,以利于菌丝生长。

培养期间,每天都应检查1次,发现杂菌污染后的原种,应立即捡出淘汰。

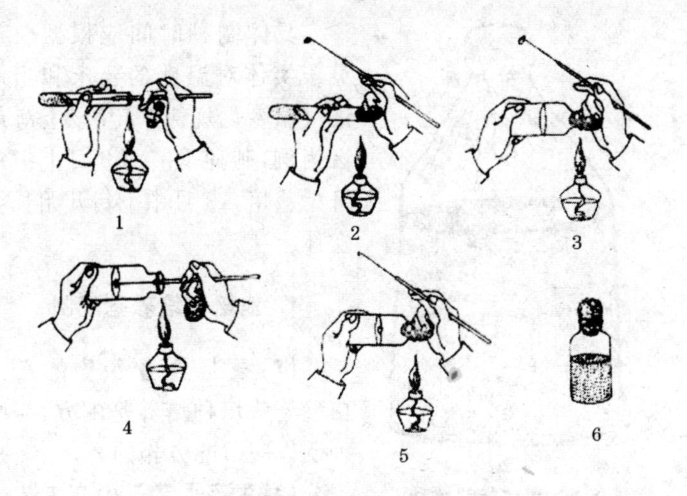

图 5-8　母种接原种操作　(引自　兰进)

1. 取母种　2. 塞母种试管棉塞　3. 拔原种瓶棉塞

4. 母种送入原种瓶内　5. 盖好原种瓶　6. 长满菌丝的原种瓶

白参菇菌丝长到瓶底(或袋底)后,菌龄以再生长 5～7 天为最好。这样的菌龄,培养料中菌丝密度高,菌丝还处于生长高峰,扩大接种繁殖时菌丝生长快,生活力旺盛,也不容易退化。菌种菌龄不宜太长,菌龄过长,菌丝衰老,用于扩接菌丝生长慢,容易产生杂菌。菌龄超过 2 个月的原种,接种后菌丝生长慢,杂菌感染率很高,所以不宜使用。

(五)栽培种制作技术

将原种再接入棉籽壳培养基上,进行扩大培养出来的菌种,就是栽培种。栽培种容器一般采用菌种瓶,但也有采用聚丙烯或聚乙烯的塑料袋的(图 5-9)。

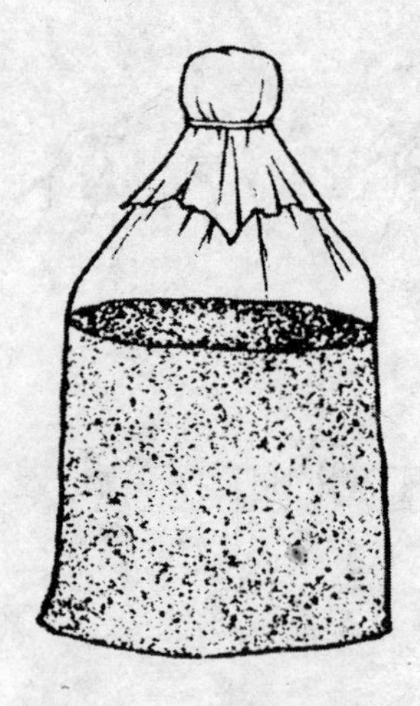

图 5-9 塑料袋栽培种

具体制种时间应根据白参菇子实体对温度的要求和当地的气温变化规律来定，以上海地区为例，制种季节为8月上中旬开始栽培，10月中下旬开始长子实体。

1. 栽培种培养基配制

(1) 栽培种培养基配方 白参菇栽培种培养基配方：与原种制作一节配方相同。

(2) 生产工艺 生产工艺也基本相同于原种制作，即：

配料→搅拌→装袋（瓶）灭菌→冷却接种

2. 栽培种灭菌与接种

灭菌与接种：白参菇采用常压灭菌或高压灭菌，高压灭菌时升温速度要快，从加温开始升到1.5千克/平方厘米，蒸汽高压时间要求2小时左右。保温期间，锅内压力不可忽高忽低。灭菌保温到规定时间后，让锅温自然下降，待到锅内蒸汽压力降到零时方可打开锅盖，取出料袋。

接种时温度较高，杂菌容易孳生，因此必须严格无菌操作，在无菌条件下接种，并且注意以下几项。

(1) 原种处理 原种表层菌丝易老化，而且常会发生杂菌。因此，接种时应把原种表层菌丝去掉1厘米。如果原种放置时间过长，菌龄较长，则应将原种瓶上层的菌种去掉1/3，只使用下层活力强的菌种。

(2) 接种迅速 酒精灯火焰温度较高,可达1000℃以上,因此,接种时原种菌块通过火焰时要迅速,以防菌种受到灼烧以至烧死,导致接种后菌丝不能萌发。

(3) 气温低时接种 早上或夜间气温低,杂菌活动小,并且低温、低湿,工作效率高。

原种接栽培种操作方法见图 5-10。将长满菌丝的原种培养基切成1立方厘米大小的接种块,然后正确地接入栽培瓶培养基的接种穴内(图 5-11)。每瓶原种接种 50～60 瓶栽培种。接种后将栽培瓶移入栽培种培养室进行培养管理。

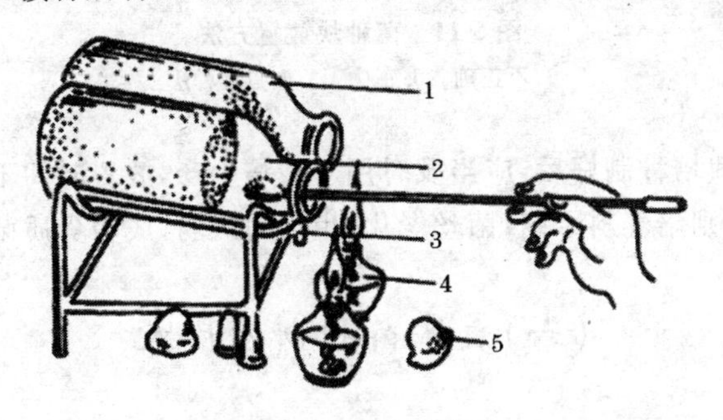

图 5-10 原种接栽培种

1. 原种瓶 2. 栽培瓶 3. 接种架 4. 酒精灯 5. 棉塞

3. 培养管理

白参菇栽培种放在培养室中培养。培养室的温度应该控制在 25℃。若培养温度偏低,则菌丝体生长阶段延长。培养室的门窗应用草帘遮荫,以防止阳光射入,导致菌丝老化,检查菌种生产情况时最好采用可移动的安全灯。同时,由于栽培瓶数量较大,所以要注意通风换气,保持室内空气新鲜,以利于菌丝呼吸。栽培袋可以堆叠,但要注意保持通风。

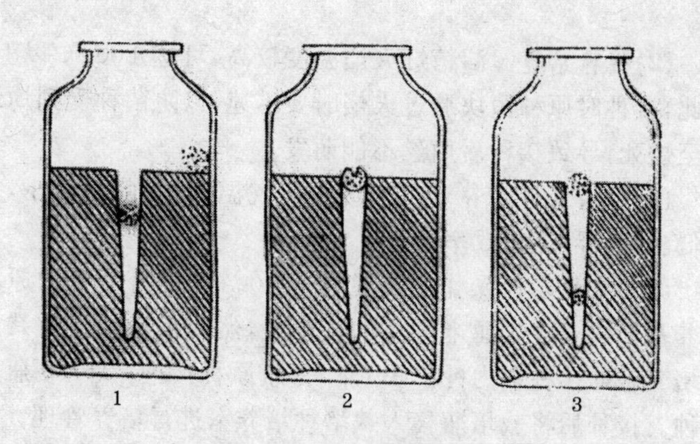

图 5-11　菌种块放置方法

1. 不正确　2. 正确　3. 两点接种法

栽培种制好后，应当及时用于栽培生产，放置时间不宜太长，否则培养料干缩，菌丝老化，生命力减弱，成为劣质菌种。

（六）液体菌种制作技术

相对于固体菌种来说，液体菌种生产是一项新技术，是菌种生产的一场革命。液体菌种可以直接作为栽培种用于栽培生产。近年来各高等院校和科研机构开发出许多液体菌种培养设备，解决了传统固体菌种生产耗时长、生产工艺复杂、污染率高、成本大的缺点，摆脱了烦琐笨重的手工操作模式。

液体菌种的使用可以缩短白参菇的栽培时间，生长周期由原来的 1 个月缩短到 15 天。

1. 液体菌种的特点

(1)液体菌种的优点

①生产周期短　固体白参菇菌种从接种到菌丝长满瓶需要10天左右,而液体菌种长满瓶仅需5天左右。因此,能在短期内生产出大量菌种,满足生产的需要。

②发菌迅速　液体菌种接种到固体培养基上,由于它具有流动性,可随培养液渗透到固体培养料的各个部分,均匀分布于料中,形成许多菌丝生长中心,发菌周期大致可以缩短一半时间。

③接种简单　液体菌种接种方法一般采用注射器注射,因而接种既简单又迅速。

④成本降低　液体菌种一般用量少,再加上生产液体成本降低,故可节约生产费用。

⑤技术简单　由于生产液体菌种自动化程度高,故生产液体菌种技术并不复杂。

⑥产量高质量好　产量比固体菌种高,质量也明显优于固体菌种。

⑦成品率高　通常污染率低或几乎没有污染,其原因是液体菌种占绝对优势,杂菌生长很慢。

(2)液体菌种的缺点

①保存期短　一般液体菌种制好后,应立即使用,保持期最长不能超过5天,否则菌丝即老化或自溶。

②运输不方便　由于菌种呈液体状态,相对于固体菌种来说,运输比较困难。

2. 液体菌种生产设备

生产设备有:深层发酵设备、小型发酵设备、振荡培养摇瓶机、普及型吹氧菌种器。

(1)深层发酵设备　适用于资金实力雄厚的大型菌种工

厂使用，它与抗生素、味精生产设备类似。

(2)小型发酵设备 适用于一般制种厂或科研机构，见图 5-12。

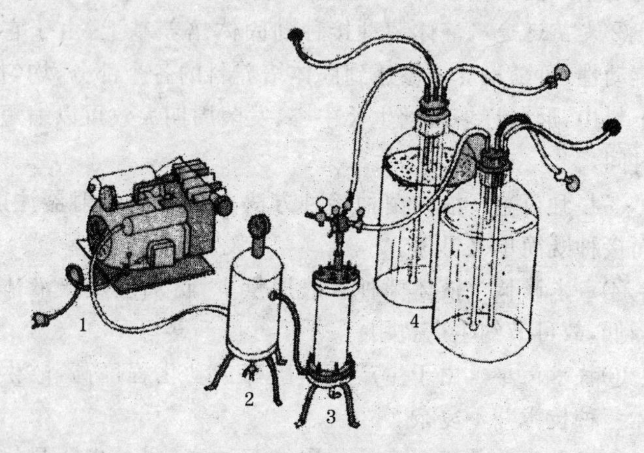

图 5-12 小型发酵设备

1. 空气压缩机 2. 气水分离器 3. 空气过滤器 4. 发酵瓶

(3) 振荡培养摇瓶机 见图 5-13。

(4) 普及型吹氧液体菌种器 组成部件：①增氧泵 1 只，应选用性能优良、可连续工作的具有气量调节功能的型号，为防停电，要尽量选用交、直电两用的型号。②橡胶管数段：用于连接部件，要选用耐高温的，管径要略小于玻璃管等才能紧密接合。③通氧弯管 1 只：购买或用玻璃管烧制而成，管径 0.5～1 厘米，长度为 30～100 厘米。④空气过滤器 1 只：由长5～15 厘米、内径 0.5～1 厘米的玻璃管，用等长的 5 段普通洁净棉花和 4 层活性炭间隔装入而成。棉花松紧适中，太松降低过滤细菌功能，太紧空气难于通过。活性炭要求颗粒极细均匀，厚为 3～5 毫米，如太薄或中有空隙，则影响过滤功

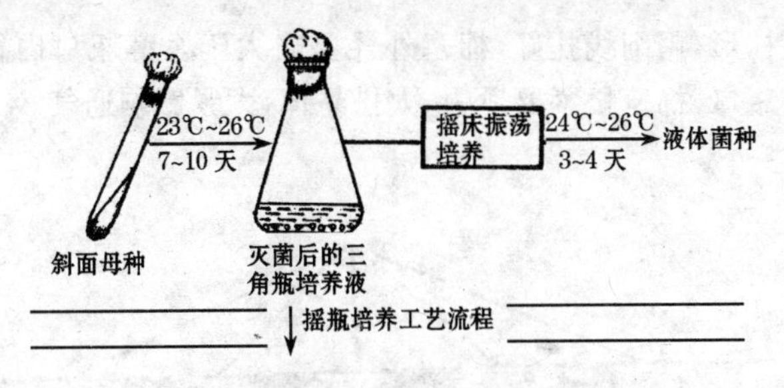

摇瓶培养工艺流程

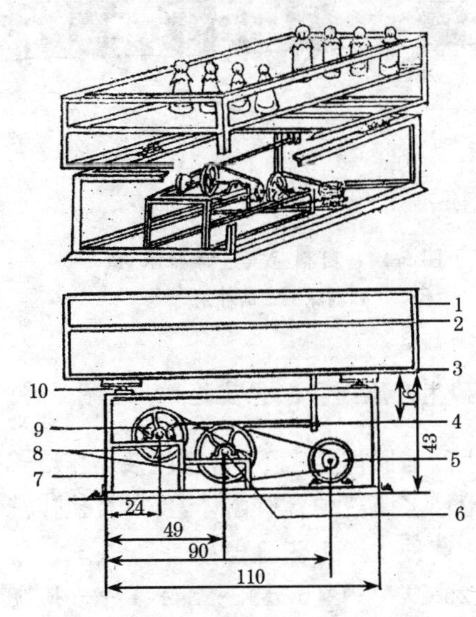

图 5-13　摇 瓶 机　(单位:厘米)

1. 搁盘铁架　2. 上搁盘铁架　3. 下搁盘铁架　4. 连杆　5. 1.5千瓦电动机　6. 轴承及轴壳　7. 摇床架　8. 减速皮带轮　9. 偏心轮　10. 活动活轮

能(图 5-14),每次使用后应更换棉花和活性炭。⑤发酵瓶 1 只:用耐高温的透明广口瓶,容量通常为 1000～5000 毫升。⑥棉塞 1 只:用普通洁净棉花,将通氧弯管包在中间,棉花包成圆柱形，用细线扎好，棉塞外径要略大于发酵瓶口内径，以塞紧瓶口，棉塞松紧要适中，太松易掉，太紧影响通气。

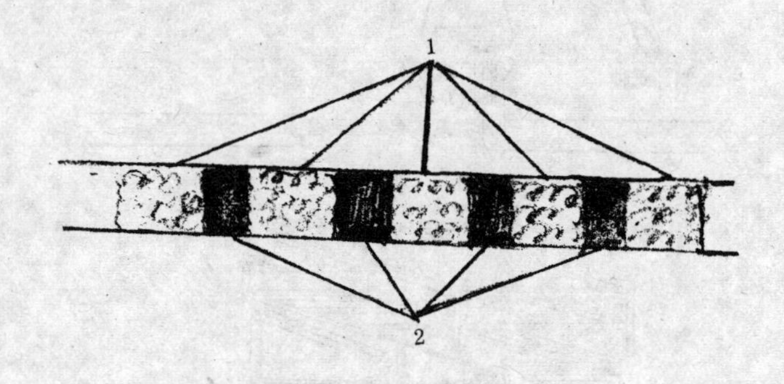

图 5-14　自制空气过滤器示意

1.棉花　2.活性炭

3. 液体菌种生产原理和工艺流程

液体菌种生产与固体生产不同，是以液体作培养基，通过多级培养得到菌液。菌液中含有菌体，可以直接作液体菌种。

白参菇液体菌种生产工艺流程：

斜面母种(26℃～28℃，5 天)→无菌接种→摇瓶(26℃～28℃，100～110 转/分，5 天)或吹氧→检测出品

4. 液体菌种培养基配制及培养方法

白参菇液体培养基配方 1：葡萄糖 3%、黄豆粉 0.5%、酵母膏 0.2%、磷酸二氢钾 0.1%、七水硫酸镁 0.05%，其余成分为水，pH 值 5.5。

白参菇液体培养基配方 2：葡萄糖 2%、蛋白胨 0.2%，酵

母膏 0.3%、磷酸二氢钾 0.1%、硫酸镁 0.05%，其余成分为水，pH 值 5。

最适生长条件为：26℃～28℃，摇瓶转速 100～110 转/分，pH 值 5.5，培养时间 5 天。

白参菇液体培养基配方 3：葡萄糖 2%、蛋白胨 0.2%、磷酸二氢钾 0.1%、硫酸镁 0.05%、酵母浸膏 0.3%，蒸馏水 1000 毫升，pH 值 6(郝瑞芳，李荣春.2006)。

最适生长条件为：25℃静置培养 2 天，然后置于摇床(160 转/分)上振荡培养约 7 天。

白参菇液体培养基配方 4：葡萄糖 3%、黄豆粉 1%、酵母膏 0.1%、磷酸二氢钾 0.1%、七水硫酸镁 0.05%、维生素 B_1 0.001%，pH 值 6(贾士儒，殷海松，邓桂芳，等.2006)。

最适生长条件为：26 ℃，150 转/分。

白参菇液体培养基配方 5：葡萄糖 4.5%、酵母膏 0.3%、磷酸二氢钾 0.05%、一水硫酸镁 0.05%(冀颐之，2003)。

最适生长条件为：培养温度 27℃，初始 pH 值 6。

配制方法：将其他成分溶解于滤液中再定容。

5. 装瓶灭菌

(1)装瓶 将上述液体培养基，装入发酵瓶或摇瓶内，装量最多不超过瓶装量的 7/10，然后加入 3～7 滴植物油或泡敌，以避免吹氧时产生大量泡沫导致杂菌污染。

(2)灭菌 将发酵瓶及摇瓶的棉花塞用聚丙烯塑料袋扎好，放入灭菌锅内高温灭菌，高压下灭菌 45 分钟，常压下需要灭菌 6 小时。

普及型液体菌种培养器灭菌：将插有通氧弯管及棉花塞用牛皮纸或两层报纸整个包住，用橡胶圈扎紧；将液体培养基配制好后倒入发酵瓶中，塞上另外一个一般棉塞，用牛皮纸或两层报纸包住瓶口及棉塞后用线扎紧；将空气过滤器的两端各连上一根橡胶管，远离空气过滤器的两端弯回用线扎紧；将以上发酵液瓶及器材经过高温灭菌处理。

6. 接　种

液体菌种培养基经高温灭菌冷却到28℃以下时，即可接种。白参菇液体培养最佳母种的菌龄为5天，挑取试管中部的菌丝生长速度快，活力强。斜面菌种接入量约为2平方厘米，无菌条件下接种。

7. 液体菌种培养

(1)振荡培养　应向摇瓶中添加玻璃珠等来使菌丝断裂，促进菌丝生长。接种后的液体培养基，于28℃下静置培养24小时以后，放置于摇瓶机的摇床上振荡培养。摇床转速以100～110转/分为佳，转速过低时，供氧不足，菌丝球内部生长不好；转速过高时，影响菌丝的生长和分枝，而且耗电增加。

(2)普及型液体菌种培养

①无菌连接　在接种箱内等无菌条件下，拔掉发酵瓶棉花塞，塞上带有玻璃弯管的棉花塞，然后用橡胶管连接以上器材(图5-15)。

②注意事项　各橡胶管连接口要密闭，以避免污染杂菌；避免增氧泵安放位置要略高于发酵瓶，以免培养液倒流入增氧泵发生漏电危险。

③无菌条件下接入母种，注意不要沉没　在28℃下静置培养24小时以后，观测液体培养基表面无异色，清晰。先小气量吹氧1天后，再加大气量吹3天。通氧管底端应距发酵

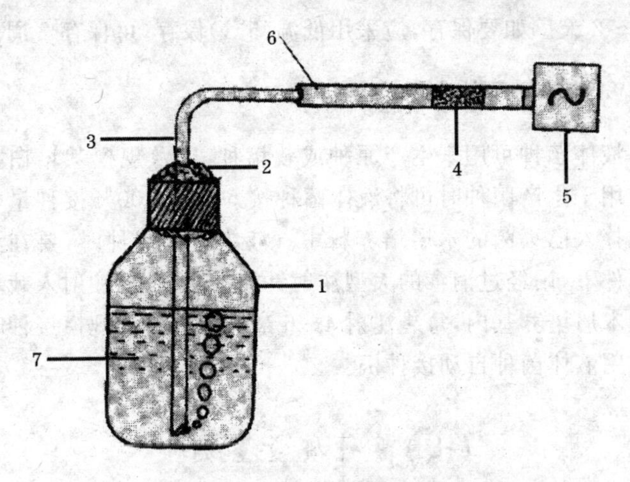

图 5-15　普及型吹氧液体菌种器

1. 发酵瓶　2. 棉花塞　3. 通氧弯管　4. 空气过滤器
5. 增氧泵　6. 连接用橡胶管　7. 培养液

瓶底部 1 厘米，可以加强搅拌效果。

8. 液体菌种的检验

经过培养的液体菌种培养时间不能太短或太长，若太短，产量低，若太长，菌种则老化或自溶，合格标准如下。

(1) 肉眼检查　菌液呈黄褐色、透明、澄清、无黏糊状、无酸臭味或刺鼻的各种怪味，否则是杂菌污染，不可使用。

(2) 严格检查　将菌液移接入 PDA 斜面或平板上，培养检查。培养液与空气交界的容器壁上，无灰色条状的酵母线附着物。通过油镜检查及酚红肉汤培养，应无细菌和真菌出现。

液体菌种制好后应立即使用，常温（30℃以下）一般可保存1～2天。如要保存，应采用低温(5℃)保存，可保存2周。

9. 液体菌种的应用

液体菌种可用来生产原种或栽培种，以及规模栽培白参菇。用于生产菌种时可将液体菌种按50％～100％接种量均匀地拌入已灭菌的木屑培养料中。液体菌种接种时，要在无菌条件下，用经过消毒的大型注射针筒吸取菌液，注射入栽培袋的木屑培养基内，每袋注射4～6毫升即可。大规模接种时可使用液体菌种自动接种机。

(七)菌种质量鉴别

栽培种的质量直接关系到白参菇产量与质量的高低。购买或生产菌种时，经营管理者必须能够鉴别菌种的质量。

1. 菌种优劣检验方法

(1)直接观察法

①优质菌种的表现　菌丝洁白(未见光时)或米黄色；菌丝密集，分枝浓密，呈白色茸毛状；菌丝爬壁能力强；菌丝在整个培养基内分布均匀；菌丝有单纯的香气。麦粒菌种，要求麦粒内外都长满菌丝。

②劣质菌种的表现　凡是菌种及培养基上发现有红、绿、黑、黄、灰等各种颜色的斑点的，说明菌种已被杂菌污染，绝对不能使用；菌丝多处出现索状菌丝，菌丝收缩离开瓶壁，说明菌种老化；菌丝只在培养基上部生长，说明培养基湿度太大；菌丝有多种气味，是杂菌气味所致。

(2)菌丝长速观察法　将供鉴别的菌种接入新配制的母

种培养基上，置于最适宜的温度和湿度下培养：菌丝生长迅速、整齐、浓密。则为优质菌种；反之，菌丝生长缓慢或参差不齐，则为劣质菌种。

(3)吃料能力观察法 将菌种接入原种培养基上，放于适宜的温度、湿度下培养，5天后看菌丝的生长，如果菌种块很快萌发，向培养基内迅速生长，则为优质菌种；如果菌种块萌发比较缓慢，在培养基中生长缓慢，即为劣质菌种。

(4)出菇试验 经过以上观察试验，认为是优质菌种的，可以取出一部分母种进行出菇试验，这是最可靠的菌种检测，凡是菌种生产者或大量栽培时都必须做此项工作。

2. 菌种劣质原因

(1)培养基原因 ①培养基原、辅材料不够齐全，缺少某种必要原料。②培养原料虽然齐全，但比例并不适当。③培养基含水量过大或过小，导致菌丝无法生长。④培养基酸碱度偏大或偏小，导致菌丝无法生长。

(2)杂菌污染原因 ①菌种瓶灭菌时间没有达到标准。②菌种瓶灭菌温度过低。③菌种瓶密封不严，杂菌侵入。④无菌操作时不严格。⑤菌种母种原已感染杂菌。

(3)菌种活力减退 ①菌种存放时间过长，已经老化。②菌种处于高温状态下，受到伤害。③菌种转管次数超过1次以上。④菌种长期采用无性繁殖（组织分离），导致菌种退化，高产优质特性丧失。

(4)菌种发生变异 ①菌种受各种不良气体（如一氧化碳或二氧化硫）或其他各种因素的影响而产生不良变异。②菌种产生变异是其天然属性，是适应不良环境的结果。

(八)菌种保藏

1. 母种保藏

(1)斜面低温保藏法 斜面低温保藏是最简便的保藏方法。具体做法是:将斜面长满菌丝的试管母种用硫酸纸包好或放入铝制饭盒中,置于4℃~6℃冰箱内保存,可以保存3个月。3个月后应再转管移接1次,继续放入冰箱内保藏。为了防止斜面培养基干燥,延长菌种的保藏期,在摆斜面时,斜面应短厚一些。

(2)液状石蜡藏法 将布满菌丝的斜面试管,在无菌条件下灌注1层经灭菌的液状石蜡(把石蜡装入试管,加棉塞在0.1兆帕压力下,灭菌45分钟),这样可防止培养基中水分蒸发,并使菌丝与空气隔绝,以降低生理活动。用这种方法保存的菌种,一般可保存5年以上(但最好每隔1年移植1次),而且也可以不放在冰箱内。使用时,在无菌操作下,将液状石蜡倒出,沥干,再转接培养使用。

(3)生理盐水保藏法 使用无菌生理盐水保藏菌丝块,可保存1~2年。

①制备无菌生理盐水　配制0.9%氯化钠溶液,分装入10毫米×150毫米的试管内,每管装5毫升,塞好棉塞,高压灭菌后备用。

②接种　从母种斜面上取黄豆大小、带有琼脂培养基的菌丝块,每管接1块。

③封藏　接种后,用无菌胶皮塞封口。然后将石蜡熔化封住管口,置室温中保藏,注意需要直立放置。

(4)液态氮冷冻保藏法 用液态氮冷冻技术保藏菌种是一项比较先进的技术,理论上可以无限期地保藏菌种,是目前长期保存食用菌菌种最好的一种方法,但所需设备运行费用昂贵,成本高,技术复杂,实力雄厚的单位才能使用。

①制备菌种 用摇床培养液体菌丝球,也可用平板培养菌丝。

②制作安瓿管 一般用硼硅玻璃,大小一般为75毫米×10毫米。每管加0.8毫升的保护剂,塞上棉塞,在98.07千帕下灭菌15分钟。

③保护剂 采用10%(体积比)甘油蒸馏水溶液。

④冻结菌种 将准备好的菌种,在无菌条件下分装入已加入保护剂的安瓿管内,用火焰将安瓿管上部熔封,浸入水中检查漏气与否。然后将经检查不漏气的安瓿管放在慢速冷冻器中,冷冻速度保持在每分钟下降1℃,将菌种慢慢地冷却到-35℃。

⑤保藏 安瓿管冻结好后,立即放入-196℃的液氮罐中。

⑥取出 将安瓿管从液氮罐中取出,立即放入38℃~40℃的水浴中摇荡至冻结物全部融化。

⑦恢复培养 打开安瓿管,将管内菌种接入培养基上培养即可。

2. 原种和栽培种保藏

一般情况下,培养好原种后,应立即扩大制成栽培种;培养好栽培种后,应立即就用于生产栽培。如果不能立即使用,可将原种或栽培种放于阴凉、干燥、通风的地方存放,存放期不宜超过10天。如果存放过长,菌丝可能会老化,活力下降或污染变质。

六、白参菇栽培技术

白参菇现有栽培方式是以塑料袋装入培养料作为载体，在室内外房棚搭建多层架床，春、秋两季连续生产 4～6 批，形成多层次立体栽培，其应用技术如下。

（一）房棚要求

野外栽培生态环境较适应。菇棚高 2.5 米，每棚 250～300 平方米均可，竹木做骨架。棚顶盖黑色薄膜加草帘，四周茅草或草帘围护；棚内搭摆袋架，架宽 90～100 厘米，分设架床 8 层，层距 25 厘米；地面整平夯实，铺上细沙。每个架床用塑料薄膜覆盖成保湿棚。保湿好的专用菇棚不必盖膜。在民家庭院只要有对流门窗的房间，亦可用于栽培。

（二）栽培季节

白参菇子实体温度生长范围较宽，8℃～38℃均可发生，生产周期较短，在适宜的条件下从接种至采收仅需 16～20 天。根据白参菇的生物学特性，最佳栽培季节为秋栽 9～10 月份，春栽 3～5 月份。上海地区，8 月上中旬接种，10 月上中旬进行出菇管理，10 月中、下旬开始形成子实体，此时自然气温为 16℃～22℃，正适合白参菇生长。云南昆明、玉溪等大多地区一年四季均可栽培。其他地区可根据当地气温情况而定。充分利用房棚空间和最适时间，每年可以安排生产4～6

批。

如果使用空调等人为地控制栽培场所的温度，则可以周年生产白参菇。

（三）生产工艺流程

配料→搅匀→检测→装瓶或装袋→封口→灭菌→冷却接种→菌丝培养→熟化培养→催蕾出菇→长菇管理→采收加工

（四）培养料配方

白参菇人工栽培原料较为广泛，以棉籽壳为培养基效果最好，产量最高；阔叶树类木屑、甘蔗渣、药渣及稻、麦秸各种农作物秸秆也可作为培养基质，加麦麸、米糠、玉米面、石灰和少量的磷酸二氢钾、硫酸镁、普通钙镁磷肥等微量元素，原料粗细搭配，以利于通气。培养料配方可根据当地原料资源的情况，选用下列常用的培养料配方中的一种。

常用的白参菇培养基配方有以下几组。

配方1　棉籽壳80%、豆秸8%、麦麸10%、蔗糖1%、石膏粉1%（郝瑞芳，李荣春.2007），平均生物学效率46.1%。

配方2　棉籽壳58%、玉米芯或甘蔗渣20%、麦麸18%、玉米粉2%、石膏粉1%、钙镁磷肥1%；料与水比为1∶1.1～1.2，含水量60%，pH值自然。

配方3　棉籽壳50%、杂木屑28%、玉米粉2%、麦麸18%、石膏粉1%、碳酸钙1%；料与水比为1∶1.1～1.2，含水量60%，pH值自然。

配方4　棉籽壳40%、玉米芯40%、豆秸8%、麦麸10%、石膏粉1%、蔗糖1%(郝瑞芳,李荣春. 2007),平均生物学效率30.9%。

配方5 棉籽壳40%、谷秆40%,豆秸8%、麦麸10%、石膏粉1%、蔗糖1%(郝瑞芳,李荣春. 2007),平均生物学效率23.9%。

配方6 杂木屑88%、麦麸10%、石灰1%、石膏粉1%,含水量65%~68%。

配方7 杂木屑80%、豆秸8%、麦麸10%、石膏粉1%、蔗糖1%(郝瑞芳,李荣春. 2007),平均生物学效率35.4%。

配方8 杂木屑60%、棉籽壳20%、玉米粉8%、麦麸10%、石膏粉1%、葡萄糖粉1%,含水量65%~68%。

配方9 葛根药渣75%、米糠12.5%、麦麸12.5%,另加1%的生石灰。干料与水比为1∶1.1(张英. 2007)。

各种材料应新鲜、无霉烂、无害虫,谷秆和豆秸切成1厘米的小段,玉米芯粉碎成0.5~1厘米的颗粒,木屑选用硬杂木木屑。

(五)配制方法

按照选好的原、辅料配方,按其比例称取主、辅料和清水,加水拌和均匀,配制成培养料。具体做法要求如下。

1. 场地要求

以水泥地为好。不宜用泥土地,泥土地因含有土沙,加水后泥土溶合会混入培养料中,不宜选用。选好场地后进行清洗并清理周围环境。

2. 拌料时间

最好在晴天或阴天搅拌，下雨天最好不要拌料。因为湿度太大，而且工作人员行动不方便。夏季拌料时，最好在上午或傍晚进行，中午气温高，培养料加水混合后易发酵变酸。

3. 混合原料

先把木屑或棉籽壳倒入搅拌场上堆成“山”字形，再把麦麸或细米糠从“山尖”均匀地往下撒开，并把玉米粉、碳酸钙和石膏粉均匀地撒向四周，把上述干料先充分搅拌均匀，再加水搅拌。

4. 加水搅拌

可采用搅拌机或人工拌料。搅拌机拌料时可以大大提高搅拌速度和搅拌质量，搅拌机的使用见菌种制作一章的栽培种制作一节。

农村由于栽培规模小，常用人工拌料。人工拌料时，先把堆成“山”字形的干料从尖端中间挖向四周，使其形成凹陷状，再把清水倒入凹陷处，用锄头或铁锨把凹陷处逐步向四周扩大，使水分吸收均匀，然后把拌匀的料用竹筛或铁丝筛过筛，打散结团，使其更加均匀。过筛时应边过筛边整堆，以防止水分蒸发。

5. 堆　闷

栽培料拌匀后，要堆闷 1～ 2 小时，使水分充分吸透。

6. 测定水分和酸碱度

搅拌堆闷后的培养料要进行水分和酸碱度测定，调 pH 值至 5.5～6，含水量为 60%后才能进行装袋灭菌。

(1)水分测定 培养料含水量以 60%为合适。

培养料含水量计算公式：

培养料总量＝干物质＋水

$$含水量(\%)=\frac{水量}{培养料总量}\times 100\%$$

$$=\frac{加水重量+培养料含结合水}{培养料干重+加入的水重量}\times 100\%$$

干物质是指配方中的棉籽壳、麦麸、玉米粉、细玉米糠等要求符合标准干度(13%)。

(2)水分的测定和调节方法 水分的标准测定是用水分测定仪测量。手中握一团培养基，将仪器插头插入料中 5 分钟后，观看仪表读数。没有水分测定仪的，木屑培养基可用手握法测定：即用手握紧一团培养基，握紧手后如果指缝间有水珠溢出，但不下滴，伸开手指，料在掌中成团而不裂开，掷进料堆四分五裂，落地即散，则含水量适中；若料在掌中成团即裂，掷进料堆即散，表明太干；如水珠成串下滴，掷进料堆不散，说明太湿。检测后，如果培养基太湿，则需要摊开培养基，让水分蒸发至适度即可，记住不能掺干料来降低水分含量，否则会引起培养基成分比例失调；如果培养基水分太低，则可以加水调至适中，但要搅拌均匀。

搅拌时，量少可用人工拌料，量大时应用搅拌机，以提高搅拌效率与搅拌质量。搅拌时按比例加入主料、辅料和水，每次搅拌 3 分钟即可。

(3)酸碱度的测定和调节 白参菇培养料酸碱度(pH值)以5～6为宜。测定方法:称取10克培养料,加入20毫升中性水中,用pH试纸一张,一端用小镊子夹住,另一端置于试样的澄清液中蘸一下,立即与比色板比较色泽,确定pH值,即可测出酸碱度。有条件的,应该用酸度计进行精确测定。检测后,如果培养料偏酸(pH值<5),可加4%氢氧化钠溶液进行调节;若偏碱性(pH值>6),可加入3%盐酸溶液中和,直至适度为止。实际栽培中,为防止酸性增加,多用适量石灰水调节。

(六)装栽培袋

1. 白参菇栽培袋规格

白参菇人工栽培因其周期短,培养料消耗少,因此采用短袋、小包种植较为经济。立式栽培的采用短袋15～18厘米×22～26厘米,厚0.5～0.6毫米的聚乙烯或聚丙烯塑料袋作栽培容器,每袋装干料150～300克;长袋12厘米×55厘米,每袋装干料500克。装袋、灭菌和接种按常规操作。

2. 装 袋

用装袋机或人工装袋。装袋方法如下。

(1)装袋机装料 装袋机操作熟练者,每小时可装800袋以上。每台机配备8人,其中装袋1人,加料1人,传袋1人,手工扎袋口5人,机器扎袋口时用1～2人。装料时,先将筒膜袋未封口一端撑圆,将整个袋都套在装袋机出料口的套筒上,底部勿留空隙。当培养料从出料口进入袋内时,右手稍向里用力推，减缓出袋速度，以使装料实在。培养料距袋口 5 厘米时，取下培养袋竖起，交给捆袋人员。捆口时可用塑料编织带，装量多时，可手工抓出，装量不足时，再装入一些并压紧。然后清理掉袋口黏着的棉籽壳，将袋口扎紧。

(2)手工装袋 撑开装料袋口，用手把料装入袋口。装料 1/3 时，用比袋口略小一些的木棒将培养料捣紧，再装入再压紧，至距袋口 5 厘米时，用手压紧培养料，然后将口扎紧。操作熟练的工人，每小时可装 60 袋以上。

装袋要求松紧适中。装袋过松，袋内氧气过多，气生菌丝生长旺盛，而且在搬运过程中培养料极易断裂，影响菌丝正常生长，导致产量降低；装袋过紧，不仅容易破袋，而且透气性不好，使菌丝生长缓慢。松紧标准为：手抓袋中央，两端下垂，料断裂则为太松；五指用中等力捏下，袋面呈微凹指印为适宜；手捏过硬则为太紧。

(3)扎口 扎口松紧度一致，且扎口处不要黏着培养料，以免灭菌后放置冷却时被污染。扎口最好使用菌袋扎口机，效率高。也可手工扎口。手工扎口采用塑料编织带捆袋口。扎好口的料袋在搬运过程中要轻取轻放，以免破袋，同时堆放场地要用麻袋等铺垫，以防扎破料袋，致使杂菌侵入。装料袋后要及时灭菌，不能放置过久，以免杂菌生长，分解养分。

(七)灭　菌

白参菇对灭菌要求严格，要适当延长灭菌时间。常压灭菌，当塑料膜鼓大气，温度达到 100℃时，开始计时，保持 10～12 小时，熄火后再闷 8～10 小时后出锅。

高压灭菌在 0.138～0.147 兆帕压力下保持 1.5 小时或

0.108～0.12兆帕压力下保持2小时，以彻底杀灭料中杂菌。

灭菌工作直接关系到培养料的质量和杂菌污染。在灭菌工作上出现失误，会使灭菌不彻底。接种后杂菌污染，降低产量，造成损失。因此，灭菌工作必须做好以下几点。

1. 科学叠装

灭菌灶内的叠装方式，应采取一行接一行，自下而上排放，上下装成一直线，前后叠的中间要留空隙，使蒸汽可以自下而上畅通。不能堆叠成"品"字形，致使上袋压在下袋的缝隙间，使蒸汽不能上下畅通，造成灭菌时局部低温处灭菌不彻底。所以，叠装时必须防止压住缝隙。

2. 温度达标

灭菌开始后，用大火猛烧，使温度迅速上升至100℃，愈快愈好，如果上温慢，则一些高温杂菌会繁衍生长，使培养料养分受到破坏。温度上升至100℃后，保持温度12小时，中途不能停火，不能掺冷水，不能降温，使水始终保持沸腾。

3. 认真操作

在灭菌过程中，要注意观察温度、水位，灭菌灶内应装有温度计和水位计，以方便地观察温度和水位，温度如果低了要立即加大火力，如果水位降低至一定程度，应及时补充热水，防止烧干锅。灭菌开始后，应先打开灭菌灶排气口，让灶内冷气排出，待水蒸气大量从排气口排出后，再关闭排气口。同时，检查灭菌灶是否漏气。如果有漏气，及时用湿棉花塞住，以免影响灭菌效果。

4. 卸　袋

达到灭菌要求后，熄灭火力，再闷 8～10 小时，让整个灭菌灶自然降温后再打开。如果一下子打开灭菌灶，灶内热气喷出，灶外冷气进入，一些装料太松或薄膜质量差的袋子，突然受冷热温差刺激，可能膨胀破裂或冷却后密布皱纹，所以要在自然降温至 50℃以下时，方可卸袋。卸袋时为防蒸汽烫伤应戴上手套，发现袋口松开或出现裂口，应立即用编织带扎住或用胶布贴住。

5. 冷　却

将灭菌袋搬入冷却室内，排列成“井”字形，待袋内温度降至 28℃以下，即手摸袋无热感时，方可开始接种。准确测定方法：用棒形温度计插入袋料中观察温度，高于 28℃应继续冷却。

（八）冷却接种

将灭菌后的白参菇料袋搬入接种室内，待料温冷却至 28℃以下时及时进行接种，以减少杂菌污染，缩短菌丝生长缓慢期。为防止“病从口入”，严格进行无菌操作，做到“四消毒”（接种箱或接种室使用前紫外线或气雾消毒；菌种、料袋和工具搬入后再次气雾消毒；操作人员身手消毒；菌种迅速通过酒精灯火焰消毒接入袋内）。接种时，长袋的打 6 个接种穴，接入菌种后胶布封口。短袋的拔出袋口棉塞，接入菌种后棉塞复原。

白参菇接种，应按无菌操作要求在接种室或接种箱内进行接种。

1. 菌种处理

用薄膜封口的白参菇菌种可直接搬入接种室或接种箱内接种,无须处理;而用棉花塞封口的菌种则应事先拔掉棉花塞,再用薄膜包住瓶口,再搬入接种。这是由于菌种培育期间,棉花塞内可能侵入杂菌,如果在接种时拔出棉花塞,会导致污染。

2. 消　毒

接种可用接种箱或接种室。接种箱效率低,但成品率高;接种室效率高,但成品率低。农村由于条件差,可用普通房间代替,为了达到无菌标准,房内必须清洗干净,严格密封,严格消毒。无论是用接种箱或接种室接种,均可采用下列消毒方法之一。

(1)烟雾法　使用消毒盒,使用时用火柴或烟头点燃,即冒出白色烟雾,密闭 30 分钟以上,用量按照说明书上用量使用。

(2)熏蒸法　按照每 3 立方米用 100 毫升甲醛加入 50 克高锰酸钾的比例,混合放于碗中产生气体,用于消毒灭菌 40 分钟以上。

消毒注意事项:消毒前,要把菌种、栽培袋及接种工具等都放入接种箱或接种室后,再进行密封灭菌。

3. 消毒接种

消毒灭菌后,双手用 75%酒精擦洗,并严格按照无菌操作进行。由于是密闭式接种,所以两人配合接种速度快,成功率高。

接种室如果采用甲醛消毒后，由于甲醛有强烈刺激气味，对人眼有较强的刺激性。因此，在接种前30分钟，可用适量碳酸氢铵放于铝锅内，置于煤炉上煮沸，也可用浓氨水按5毫升/立方米，置于室内让其自然挥发，以消除甲醛刺激气味。

(1)处理菌种 将菌种瓶口去除薄膜后，用接种铲伸进菌种瓶口，把表层老化菌膜铲出。

(2)袋面消毒 用施保功溶液按消毒浓度浸湿纱布将栽培袋接种处擦拭一下。

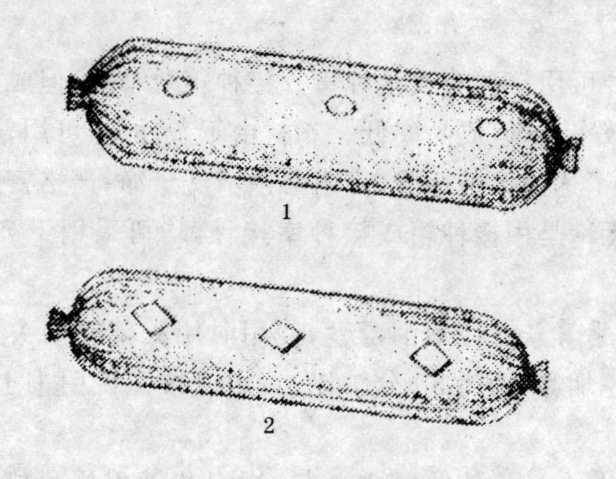

图6-1 打穴接种

1.打接种穴 2.贴封胶布

(3)长袋接种

①打接种穴 用木条制成钉形打穴钻，在栽培袋一面打3个穴，穴距相等，穴口直径1.5厘米，深2厘米(图6-1-1)。

②接入菌种 用接种铲铲取菌种塞入接种穴内，菌种通过酒精灯火焰区时要迅速，每个接种穴内要接满菌种并且菌种要高出培养料1～2毫米，应适当加大白参菇菌种的接种

量，每瓶菌种(750 毫升瓶)可接 50 袋。

③**胶布封口**　接种后用事先剪成的 3.5 厘米×3.5 厘米的小方块专用胶布封住接种穴口，以保护菌种，防止污染，并使少量空气进入(图 6-1-2)。

(4)短袋接种　用直径为 2 厘米的圆锥形硬木棒在料装至袋的 2/3 时，从上至下打 1 个直径为 2 厘米的通气孔，然后擦净袋子，套上塑料套环，塞上棉花塞，再包一层牛皮纸(图 6-2)。

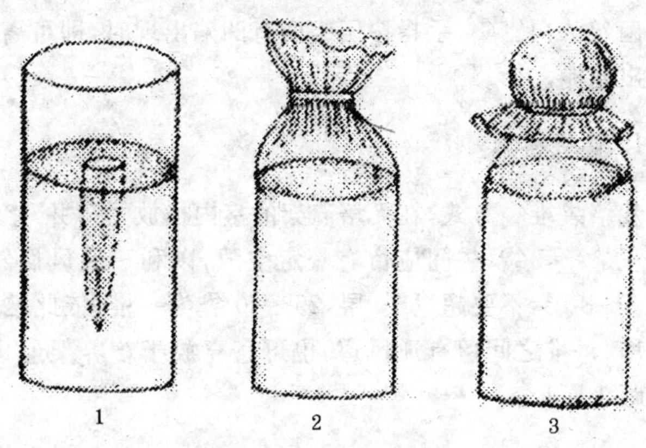

图 6-2　短袋套颈圈装料法

1. 装袋　2. 放颈圈　3. 塞棉塞、包纸

接种注意事项：每批栽培袋接种后，要开窗通风 30 分钟，然后关窗，重新搬入培养袋，消毒。每批栽培袋接完后，用过的物品，如菌种封口薄膜等，必须打扫并搬出接种室。

（九）室内养菌管理

接种后的白参菇菌袋，要及时搬入事先处理好（包括灭菌、杀虫、灭鼠）的干燥、卫生、通风、透气的培养室内，摆放于培养室层架上或平地垒叠进行集中养菌。发菌培养环境必须按照菌丝生长发育的要求，创造适宜的培养条件，即适温、干燥、避光、通风，使菌丝发育良好。室内养菌一般7天左右，袋壁上菌丝浓白密集，手指按压袋面有凹陷出现时，即可离培养室进出菇棚。

1. 叠袋科学

栽培袋堆叠方式，在无培养架的室内横放，按“井”字形堆叠，每层4～5袋，袋间应留有一定空隙，以利于通风换气，高可堆5～8层，不要超过10层，25～40袋为一堆，依此堆叠为许多堆，每堆之间留有通风道；也可直立放于培养架上，袋与袋间距1厘米。

2. 控制温度

白参菇培养室内养菌期间室内温度应掌握在22℃～26℃为好，控制温度是养菌期管理重点，不低于18℃，也不可超过30℃，低于20℃时，菌丝生长缓慢，8℃以下停止生长，初期切忌温度过高。在自然气温较高时发菌要采取降温措施。菌丝生长期如长期处于33℃以上高温下，菌丝停止生长或衰老死亡；同时，易引发杂菌污染，使菌丝生存力下降，而且不利于子实体的形成。所以，要经常地观察气温，人为地调节气温，使菌丝正常生长。气温超过30℃时菌丝层受到损伤，此时应将堆形排列交叉成“△”形，以疏袋通风散热，抑制菌温。

3. 通风换气

白参菇栽培袋发菌期间，南方地区以及春季多雨季节，要注意通风排湿，在有空气流动的条件下发菌，每天开 2 次门窗通风，更新空气，保持室内空气新鲜。通风换气可以调节温度，气温高时，在早晨或夜间通风，气温低时在中午通风，温度高时多通风，除了打开门窗使空气对流外，还可以用电风扇降温。

4. 防湿防水

白参菇培养袋培养阶段，菌丝生长不需要外界供给水分。因此，要求培养室温度适中，室内空气相对湿度要控制在 60%～70%，注意防潮湿；如果空气过于干燥(空气相对湿度低于 60%)，则喷雾状水加湿调节；如果培养袋被水淋和场地积水潮湿，湿度过高，会引起杂菌孳生。

5. 遮蔽光线

培养袋培养不需要光线，强光照射，会使菌丝老化和生长速度变慢，降低产量。因此，培养室的门窗都应遮光，可用黑色布帘遮光，室内不要用照明灯，使菌丝生长处于完全黑暗的条件下培养。但要保持通风。

6. 翻堆检查

从发菌管理的第二天起，开始对栽培袋进行翻堆检查。培养期间要翻堆 2～3 次，每隔 2 天左右翻堆 1 次。翻堆时要上下、里外等相互对调，使菌丝均匀生长。翻堆时要轻取轻放,以防封口胶布脱落,杂菌侵入。胶布脱落,要及时贴上。

翻堆时认真检查污染情况,对被杂菌污染的栽培袋进行分类处理:发现有污染的,应立即采取破袋取料,拌以3%石灰水堆闷1夜,摊开晒干,重新配料,装袋灭菌再接种培养;一旦发现有红色链孢霉污染的,立即用塑料袋套住搬走,然后用火烧毁或深埋,以免孢子传染。发现菌种不萌发、死菌的,应在无菌条件下重新接种培养。污染轻的也可放于低温处继续发菌,因为低温可以抑制杂菌生长。

在以上培养条件下,经7天左右,白参菇菌丝在袋内即可长满。

(十)熟化培养

白参菇菌丝在袋内长满后,仍须继续培养几天时间,即进行熟化培养,使菌丝达到生理成熟。菌丝成熟的标志是在袋壁上形成块状的菌丝组织,当菌袋用手指按压时有陷坑出现。此时培养料内的氮源营养和速效性碳源营养已基本耗尽。

(十一)催蕾出菇管理

白参菇菌丝成熟后,即应进行出菇培养。菌袋需要放在塑料大棚或砖瓦房等适宜于菌蕾形成和子实体生长的环境中作出菇室。塑料大棚上的塑料层要用草帘遮盖,控制光照强度。子实体培养有单层地栽和多层菇床栽培两种(图6-3,图6-4)。多层栽培的菇床架宽1.2～1.3米,层距60厘米,菇床之间的走道宽70厘米。栽培室内外要清洁,无垃圾,无蝇、螨孳生。

图 6-3　单层地栽白参菇　（段毅　摄）

图 6-4　层架式栽培白参菇　（段毅　摄）

白参菇的栽培方式有菌袋壁开孔和脱袋填料铺床法两种。白参菇子实体培养分催蕾出菇和子实体成长 2 个阶段。催蕾出菇阶段管理就是让成熟的菌丝体在合适的条件下良好的生出菇蕾。两种栽培方式的催蕾出菇方法不同。

1. 菌袋壁开孔催蕾出菇

白参菇菌袋进出菇室上架、摆袋催蕾时，区别不同袋形操作：短袋的拔去袋口的棉塞，拉直袋膜出菇（图 6-5）；也可采取袋壁四周每隔 8 厘米，用锋利刀片划 1～2 厘米的长菇口，然后将菌袋竖立或倒置摆放于地面或预先铺好塑料薄膜的菇床架上多口出菇，袋间距离 1 厘米左右。长袋的进棚后，横排于架层上适应环境 2 天后，把穴口上的胶布撕掉，穴口向上长菇。

图 6-5　催蕾出菇　（段毅　摄）

催蕾出菇：全部菌袋开口摆放好后，菌袋上面用塑料薄膜覆盖，使之形成一个适宜菇蕾分化稳定的小环境条件。覆盖的薄膜需要每隔 3 小时掀动 1 次，排除过多的二氧化碳，促使菇蕾很快形成。同时，要调节室温、控制湿度、通风并给予光照刺激，诱导菇蕾形成（图 6-6）。菇蕾形成需要温度在 16℃～22℃，保持空气相对湿度 95％左右，在空间喷雾状水，并覆盖架层罩膜保湿;需要光照强度为50勒左右的散射光;每天喷水时,注意揭膜通风,使空气中二氧化碳含量在0.01%～0.03%。菌袋开口后原基形成一般需要4～6天,当菇蕾形成并稍有分化时,揭去覆盖的薄膜,重新排放菌袋,加大菌袋间的距离,使菌袋之间的距离保持在4～6厘米,以利于子实体生长,随后进入子实体成长阶段管理。

图6-6 菇蕾形成 (段毅 摄)

2. 脱袋填料铺床催蕾出菇

铺床前,菇床上应先铺一层薄膜,将培养成熟的栽培菌袋,脱去塑料袋,然后将菌丝块掰成碎块,如蚕豆粒大小,然后铺于菇床上,厚为7～9厘米,铺好后用木板轻轻拍平,用塑料薄膜覆盖。

催蕾出菇:菇蕾形成时的温度要求16℃～22℃,在空间喷雾状水,保持空气相对湿度95%左右,并覆盖架层罩膜保湿。光照强度为50勒左右的散射光；每天喷水时，注意揭膜通风，使空气中二氧化碳含量在0.01％～0.03％。每隔3小时左右掀动覆盖膜1次，以补充料面的氧气。7～8天后，料面开始形成菇蕾。菇蕾形成后，用小竹片将覆盖的塑料薄膜撑起，使覆盖膜和菌块表面有1～2厘米距离，促使菇蕾开片。菇蕾稍开片后，应将覆盖膜全部揭去，以利于子实体生长。

注意开袋(瓶)后，应做好菇房卫生，防止病虫害发生。

(十二)子实体生长阶段管理

子实体生长期间(图6-7)，各项管理如下。

1. 空气湿度

随着子实体生长发育需要，空气相对湿度保持在85％～95％；每天早、中、晚向空间喷雾状水1次，不宜直喷菇体上。子实体上喷水视子实体生长情况而定。子实体小时少喷，子实体大时要及时多喷，晴天每天喷水1～2次，雨天喷1次或不喷，喷水量以喷水2小时后子实体上没有水珠为宜。

2. 温　度

室温仍应控制在16℃～22℃，不低于18℃，不超过25℃。气温高时，夜间开门窗通风，白天密闭门窗，同时室内空间喷水。气温低于12℃时，若子实体正在生长，则室内喷热水提高室温，白天开南门、开南窗，夜间关闭门窗。若菌块上子实体尚未分化。只要不出现冻害，仍可形成子实体。

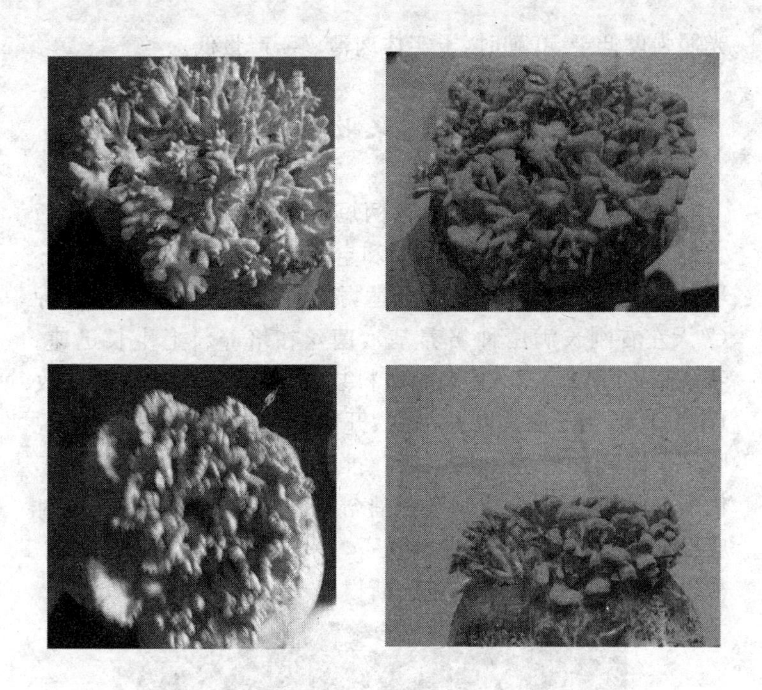

图 6-7 子实体生长过程 （段毅 摄）

3. 通 风

子实体开片、长大需要充足的氧气。因此栽培室一天要开门或开窗通风 1～2 次，保持室内有良好的空气条件。气温低时，白天开门窗；气温高时，夜间开门窗。

4. 光 照

室内给予 100～300 勒光照强度的散射光线，促进子实体正常发育。光照强度超过 500 勒时，子实体生长速度会减慢。

光照强度低于50勒时，子实体肉薄、轻，产量低。

（十三）采收加工

白参菇子实体重叠生长，柄短、片长，生长比较快。在适宜的环境条件下，如温度25℃和空气相对湿度70%的室内环境条件下，如果培养料配方合适，接种10～12天菌龄的菌种（7天左右刚长满菌种培养基），菌丝在培养料上生长迅速。若采用12厘米×25厘米的塑料袋栽培，一般从接种至采收16～20天，当子实体叶片平展、开始散发孢子时（图6-8），说明子实体已成熟，应及时采收。推迟采收时间，子实体重量不仅不会增加，反而会影响下一潮菇蕾形成，降低产量。采收时应用锯齿小刀等利刃从基部切下，并修净基部培养基与杂质。采收前1天停止喷水，避免脆断损坏朵形。

图6-8 应采收的白参菇 （段毅 摄）

白参菇采收后,应及时包装鲜销或加工处理。

(十四)养菌再出菇

白参菇一般第一潮子实体采收后,菌袋或菌块上应停止喷水 1～2 天,生息养菌,再按前述方法催蕾,进行下一潮子实体培养,管理同第一潮管理一样;7 天后又产出第二潮菇。管理得当一般可采收 2～3 潮菇,生物转化率 40%～50%。长袋的单产 200～250 克,短袋的单产 100～150 克。

(十五)废料再利用

采收白参菇后,由于培养料养分还未充分分解,可以把塑料袋割开,脱出培养料、打碎,再加新料可以栽培平菇、鸡腿菇、蘑菇等食用菌。

七、白参菇加工技术

白参菇适用加工方式:保鲜、清水加工或晒干、风干、机械脱水干燥。

白参菇是药食兼用菇品,其子实体可供餐饮业和市民作为药膳菜肴,采收后可直接送往当地餐馆、酒楼或农贸市场鲜销。如果是远程集运城市收购,这就得通过贮藏保鲜处理。以免菇体氧化,内源多聚糖变化纤维素增加,逐渐朝向老化变质方向转变,使营养成分、风味、口感受到影响。

(一)常用贮藏保鲜方法

1. 贮藏保鲜方法

(1)鲜菇处理　白参菇鲜菇七八成时采收,采前 2 天停止喷水,亦适当增加菇房通风次数,采收时剔除病虫菇,然后清除菇柄蒂头和菇体黏附的杂质,保持形态完整。

(2)装筐预冷　将经过挑选洁净的鲜白参菇,置于经过消毒的塑料周转筐内或泡沫箱内,每筐(箱)装量 15～20 千克,然后放入冷库内预冷 24 小时,库温为 8℃～12℃。

(3)降温减压　鲜白参菇面上放置 1 包保鲜剂,约 35 克(即乙烯脱除剂和平衡剂),为防止保鲜剂漏入菇体中,保鲜剂下面应垫几层纸。然后盖好箱盖,继续降温。当库温降至 5℃时,把塑料筐或泡沫箱装入 0.03 厘米厚的塑料薄膜袋内,再用橡皮筋扎紧袋口,防止空气透进。然后将库温降至 3℃

左右，码垛时再将库温降至1℃左右恒温贮藏。

(4)冷藏装运 根据白参菇运达市场的时间长短，确定装运方式：运输时间在48小时内，可在周转筐或泡沫箱内两侧各放降温塑料袋，内装碎冰。去掉箱内的保鲜剂和纸，盖上箱盖。用塑料带扎紧，使用一般运输车辆。如果运输时间长，需要用冷藏车运输，温度设在1℃左右。以上运输方式，可以使鲜白参菇贮藏20～30天。

2. 托盘保鲜膜方法

(1)包装材料 托盘为塑料制作。规格为15厘米×11厘米×2.5厘米的装100克，15厘米×11厘米×3厘米的装200克，15厘米×11厘米×4厘米的装300克。保鲜膜宽30厘米，每筒膜长500米，厚度10～15微米。

(2)分级标准 一般分为3个级别，分级标准是按照菇盖直径、开伞程度、朵形好坏、菇体色泽来划分。

(3)包装方法 包装时将白参菇按大小、长短分成同一规格标准，排放在托盘上，要求外观整齐，色泽一致。然后用保鲜膜覆盖在托盘上，拉紧保鲜膜使其紧缩于白参菇上。

(4)保鲜期 白参菇鲜品用塑料泡沫盒和保鲜膜包装送往超市，在4℃～5℃低温下货架期12～14天；在5℃～10℃贮藏8～9天；如果贮藏温度超过12℃，只能贮藏4～5天。因此，必须在有效保鲜期内销完，否则失去食用价值。

3. 简单贮藏方法

鲜菇采收后，用塑料袋密封，在4℃～5℃低温下能保鲜15天。

（二）干制技术

干制是把采摘下来的新鲜白参菇脱去水分，以使其较长时间不发生霉变，从而有利于贮藏和运输。通常情况下，采收下来的新鲜白参菇应在半天以内即进行干制，以免发生变质。

干制前应把白参菇用清水洗干净或用小刀削去带泥部分，除去杂质，然后再进行干制。

白参菇的干制方法很多，可以晒干，或用烘干机烘干，也可用微波干燥、远红外线干燥等。

1. 晒　干

在有阳光的晴天，将白参菇单摆于竹帘或竹筛上晒干。晒的过程中最好多翻动，使其干燥均匀，以防止腐烂。晒干不需要耗费能源，但依赖于天气，没有保障，晒时要注意天气预报，下雨之前要收拾好，遇到下雨天，要及时换用其他干制方法，以防腐烂。晒干后要及时装入塑料袋，封口保存。晒干品含水量高，不耐久藏，色泽也差，只适合于小规模栽培和内销产品，较大规模及出口的应置办烘干设备。

2. 烘干干制

加工干制时，可用机械脱水烘干。烘干需要烘干设备。

（1）简易木制烘干箱　如图 7-1，箱上端设有通风管，管子出口处装有排气扇，以排除因烘干而产生的水蒸气，下放 1000～1500 瓦电炉，在距电炉 30 厘米处放铁丝网，每层相距 15 厘米，箱内分 5～6 层，铁丝网就置于各层架上。开始烘干时，温度在 35℃左右，经过 20 小时左右，即可烘干。

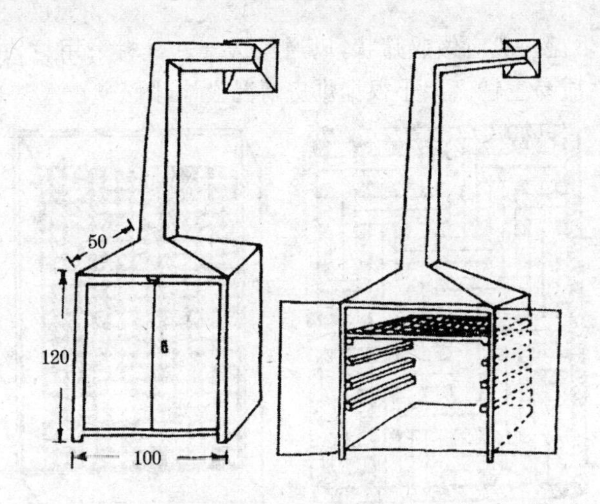

图 7-1　简易木制烘箱　（单位:厘米）（引自　杨瑞长等）

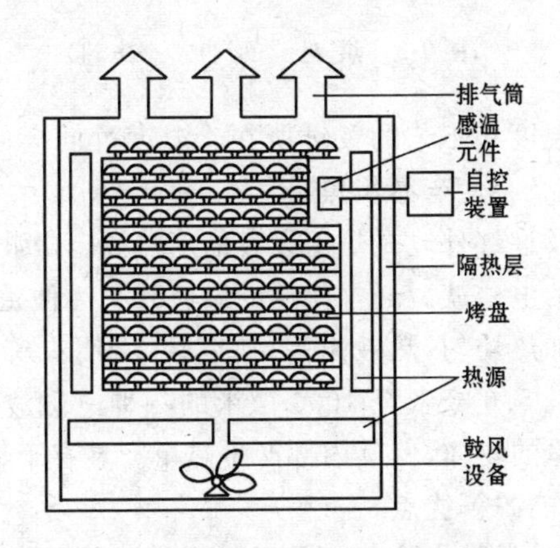

图 7-2　烘房示意　（引自　李志超）

(2)烘房　一般以电炉、蒸汽、远红外线、微波等作为热源。能够随时调节温度的高低，如果再安装自动延时控制元件，可以实现自动化烘烤，适合于较大规模生产使用(图 7-2)。

烘盘一般应做成筛状，以通风透气。材料采用竹质或铝质，铁质易生锈。大小根据烘房情况设计(图 7-3)。

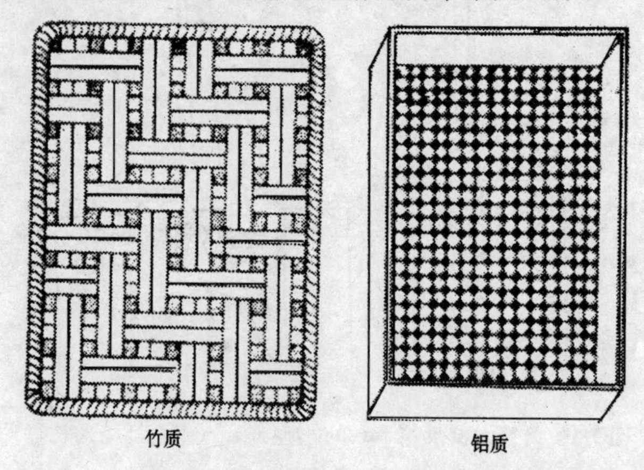

图 7-3　烘 盘　(引自　李志超)

烘烤温度是工艺的关键所在。温度过低会使产品腐烂、变色，过高又会使产品焦黑。

微波及远红外线是烘干设备的新热源。微波是波长 1 毫米至 1 米的电磁波。通常使用的微波管是一种磁控管。微波干燥具有加热均匀，热效率高，速度快，无明火等优点。远红外线是波长 5.6 毫米至 1000 微米的一种电磁波。电磁波能穿透相当厚的物体，使其内部产生热量。具有干燥速度快，效率高，节省能源等优点。

(3)多用型烘干机　这是近年来广为使用的干燥效果理想的烘干机。其结构简单，热交换器安装在中间，上方设进风口，中间配 600 毫米排风扇；两旁设干燥箱，箱内各安装 18 层竹制烘干筛；箱底设热风口，箱顶设排气口，使气流通畅，强制通风干燥(图 7-4)。

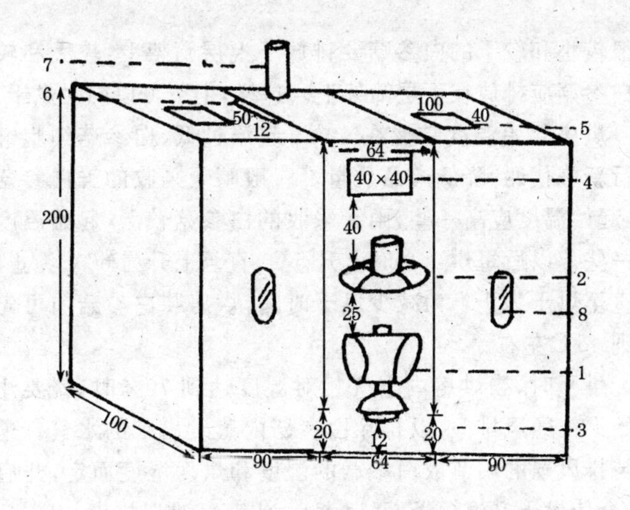

图 7-4 多用型烘干机

（单位：厘米）（引自 丁湖广等）

1.热交换器 2.排风扇 3.热气口 4.进风口

5.排风口 6.回风口 7.烟囱 8.观察口

多用型烘干机，具有 4 个优点：一是多功能，适用于多种食用菌脱水烘干，一机多用。二是快速干燥，鲜白参菇一般只需 5 小时左右即可干燥，比一般机可提前 1 小时；一次可加工鲜白参菇 200 千克。三是燃料通用，燃用煤、柴均可，每小时耗电 0.6 千瓦/时（度），耗柴 5～7 千克。四是组装简便，一般用户只需购买 1 台热交换器（俗称炉头）和 1 台 600 毫米的排风扇，然后用砖砌或用纤维板，按照图 7-2 围成烘干房。烘干房因地制宜，可大可小，安上电源即可使用。五是价格低廉。自行组装多功能烘干机，总造价不到 3000 元。

烘干时先将鲜白参菇按大小分级后摊排在烘筛上，均匀排布，然后逐筛放入筛架上，满架后，把门关闭。放入筛架时，一般较小和较干的白参菇要排放于上层筛架上，较大和较湿的白参菇应排放在下层筛架上。这样，上下可以同时烘干。

烘房起始温度掌握在40℃，起温过低，白参菇细胞继续进行新陈代谢，降低产品质量。一般晴天采收的鲜白参菇较干，起始温度应高一些，雨天采收的白参菇较湿，起始温度应低一些。以后每烘1小时上升5℃，直至上升为60℃为止，然后直至烘干为止。为减少烘干时间，烘房装白参菇前可先预热到45℃左右。

烘干时，当烘房内空气相对湿度达到70%时，就要注意开始人工通风排湿，以排除白参菇内蒸发出来的水气。进风扇与排风扇的调节依白参菇的湿度和烘房湿度而定，开启太大，会使烘干升温缓慢；开启太小，水蒸气难以排出。

图7-5 市场上出售的白参菇干品 （左玉珍）

烘干后要求白参菇的含水量为13%～14%。

含水量计算公式为：

$$含水量(\%)=\frac{烘前样品重量-烘后样品重量}{烘前样品重量}\times 100\%$$

严格的水分测定方法见附录2。一般4千克鲜白参菇可制1千克干白参菇。白参菇干品见图7-5。

白参菇干品用双层塑料袋密封包装以防潮,然后装入食品袋或编织袋内放于通风干燥处贮藏。白参菇干品运输时必须采用硬质材料(如木箱、铁柜等)做外包装,以防止受压、变形、破损等而降低质量和商品价值。

八、白参菇常见病虫害及防治对策

白参菇菌丝生长速度快，排出的二氧化碳气体容易招惹菇蝇、菇蚊等为害，空气流通不畅、高温高湿，虫害发生较重，同时易感染绿霉菌，引起子实体腐烂发黏。这些病虫害，都会影响白参菇的产量和质量，要严加防治。

（一）主要病害及其防治

1. 木　霉

又名绿霉(*Trichoderma viride Pers. ex S. F. Grey*)，属真菌门，半知菌亚门，丝孢纲，丝孢目，丛梗孢科。危害食用菌的主要是绿色木霉和康宁木霉。绿色木霉对袋栽白参菇的污染最重，在白参菇的一、二级菌种中的污染率分别为 5%、9.4%，从接种到吃料后污染 11.1%，菌丝长满袋时有 26.7% 的菌袋因污染而丧失出菇力，开袋至出第一潮菇后有 46% 的菌袋因绿色木霉污染而不能出菇，严重危害白参菇，造成袋栽白参菇减产乃至绝收，损失巨大。

(1)形态特征　菌丝无色，具分隔，多分枝。分生孢子梗从菌丝的侧枝上生出，直立，分枝，小分枝常对生，顶端不膨大呈瓶形，上生分生孢子团。分生孢子球形或椭圆形，绿色。PDA 培养基上的菌落初为白色絮状，后为暗绿色(图 8-1)。

(2)发生规律　木霉最适生长温度在 30℃左右，空气相对湿度大于 95%，最低 pH 值 3～7。木霉侵染所有的食用菌。高湿、偏酸易生长。食用菌子实体采摘后遗留的残根极易被其侵染。

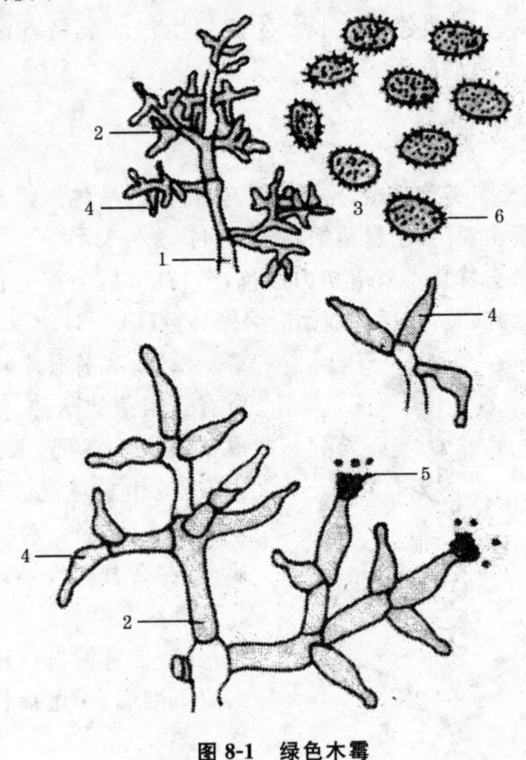

图 8-1　绿色木霉

1.分生孢子梗　2.一级分枝　3.二级分枝

4.小梗　5.分生孢子头　6.带刺的孢子

(3)病害特征　白参菇污染木霉后菌丝受损，严重时会导致丧失出菇能力，损失极大。因此，在生产时要特别注意开袋或脱袋出菇时的防病工作。

(4)防治方法　①在白参菇培养基中加入 0.05%的杀菌

剂施保功可湿性粉剂。②应采取综合防治措施，加强通风换气、少喷勤喷，并及时把污染袋清除出菇房处理掉。③保持低温，低温时木霉菌停止生长。④栽培生产时要特别注意开(脱)袋出菇时的防治工作。

2. 红　霉

红霉又名链孢霉、脉孢霉、红色面包霉，简称红霉。属真菌门，子囊菌亚门，子囊菌纲，粪壳霉目，粪壳霉科。

(1)形态特征　菌落初为白色，粉粒状，后为茸毛状。分生孢子初为淡黄色，后期成团时为橙红色(图 8-2)。

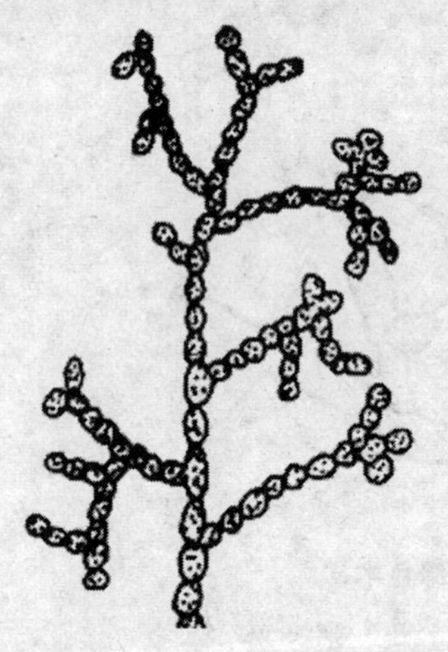

图 8-2　链孢霉

(2)病害特征　可侵染所有食用菌的菌种，使菌种成批报废。常侵入培养料中，迅速生长蔓延，危害菌丝和子实体，是一种毁灭性病害，在高温、高湿条件下，此菌最易发生。

(3)发病原因　培养基灭菌不彻底，无菌操作不严格。

(4)防治方法　①不在梅雨季节生产菌种。②培养料刚侵染时，即用 5%可湿性托布津或甲醛 500 倍液，以注射器注入感染部位。若注射时刺破菌种袋，应用胶布封贴针眼，防止再侵染和扩散。③若在出菇期受此菌侵染，立即用石灰粉撒于受害部位，再用报纸覆盖，防止孢子扩散。

（二）主要虫害及其防治

1. 眼菌蚊

在袋栽白参菇中的为害随菇棚内空气相对湿度的增加而增大，在空气相对湿度 90%以上时可达 59.4%，严重为害白参菇，造成袋栽白参菇减产乃至绝收。

(1)形态特征 成虫体长 2 毫米左右，黑褐色，头部长有细长的触角，爬行速度极快。幼虫半透明，身体白色，头部为亮黑色。形态见图 8-3。

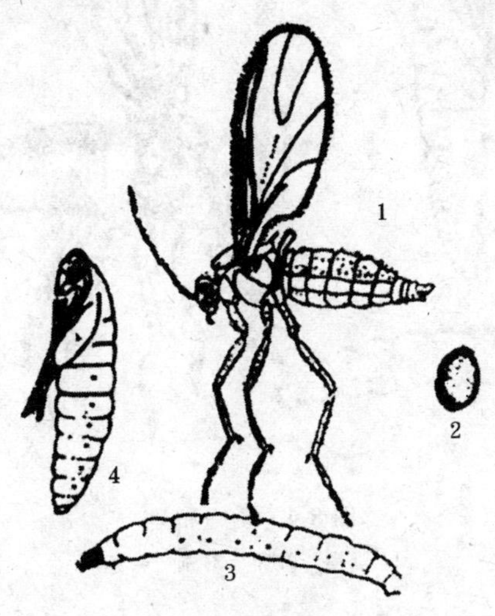

图 8-3 眼菌蚊

1. 成虫 2. 卵 3. 幼虫 4. 蛹

(2)为害特征 眼菌蚊主要以幼虫为害白参菇，吃菌丝时破坏其正常生长，导致菌丝死亡，严重发生时，可将菌丝全部吃完，导致白参菇不能产生子实体。

(3)防治方法 在白参菇袋栽中，只有开袋出菇培养基外露时，才受到眼菌蚊侵害。

防治眼菌蚊的方法：①菌袋使用防虫网覆盖，防虫效果可达100%。②使用32.5%乐农乳油500～1000倍液在菇棚内喷雾。③使用0.8%阿巴丁乳油500～1000倍液在菇棚内喷雾。④栽培场所远离禽畜场、垃圾堆。⑤栽培场所用纱门、纱窗。

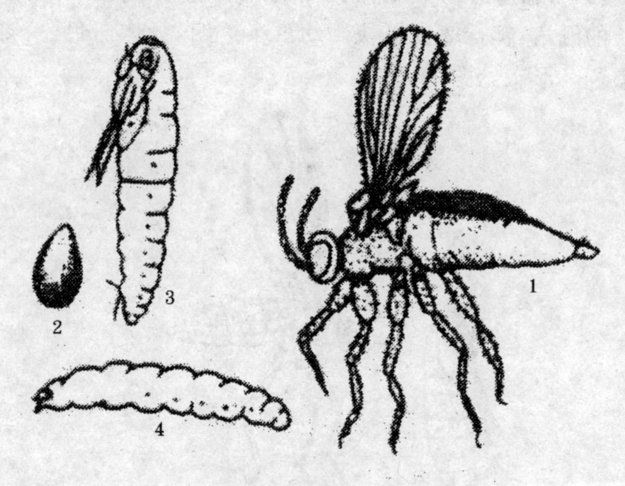

图8-4 蚤蝇和蛆

1.蚤蝇 2.卵 3.蛹 4.蛆

2. 菇 蝇

菇蝇是指对白参菇生产有害的蝇类，双翅目害虫，包括蚤蝇科、果蝇科、扁足蝇科和寡脉蝇科。常见的有蚤蝇。

(1)形态特征 不同品种的菇蝇，形态也不相同。蚤蝇卵，白色，光滑，圆形；幼虫，呈蛆形，无足，长2～4毫米，乳白色至浅黄色；蛹，长椭圆形，土黄色，腹平而背部隆起；成虫，长1.1～2毫米，黑色，翅透明或呈白色，爬行迅速，善飞（白翅型例外），见图8-4所示。其他常见的蝇类见图8-5。

(2)为害特征 幼虫蛀食菇柄，形成许多小孔，使其中蛀空，蛀空处内藏大量菌蛆，严重影响白参菇产量和质量。虫源来自培养料中的虫卵，也有他处的成虫迁入栽培场。

(3)主要传播途径 开放式接种而灭虫不彻底，栽培场环境卫生差，导致菇蝇飞入产卵。

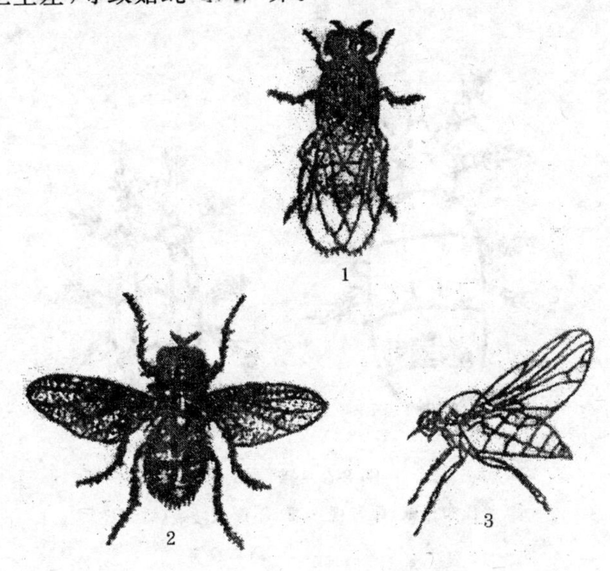

图8-5 常见的其他菇蝇

1.果蝇 2.厩腐蝇 3.扁足蝇

(4)防治方法 ①栽培场所远离禽畜场、垃圾堆。②栽培场所用纱门、纱窗。清除已被侵害的菇,减少虫量。③采收后用 2.5%氯氰菊酯乳油 3 000 倍液喷洒。④发菌期发生菌蛆,可用 80%敌敌畏乳油 800 倍液喷于报纸上,再把报纸覆盖于培养料上,经 24 小时揭掉,杀虫效果好。⑤栽培菇房悬挂敌敌畏棉球,毒杀成虫,可利用成虫趋光性,夜间用灯光诱杀。

3. 螨　类

常见为兰氏布伦螨、矩形拟矮螨。

(1)形态特征 体型小,肉眼难见,形状像红蜘蛛(图 8-6)。

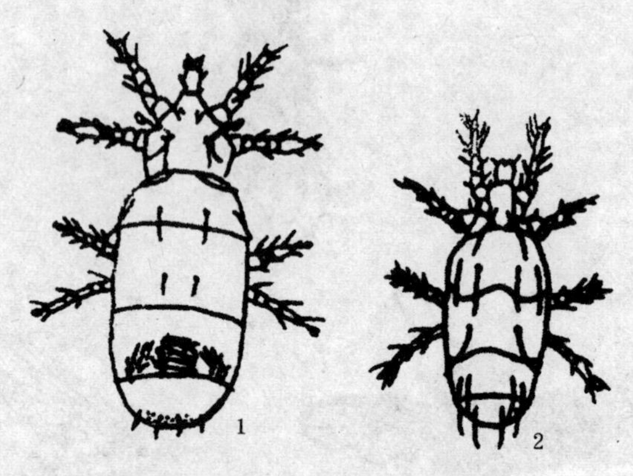

图 8-6　螨　类

1. 兰氏布伦螨(雌背视)　2. 矩形拟矮螨(雌背视)

(2)为害特征 为害菌丝体,使其稀疏、畏缩、退菌;也为害幼菇,使其生长缓慢,畸形。

(3)主要传播途径 昆虫、培养料、生产工具等是螨类传播的主要途径，在适温下，繁殖力极强，很易暴发成灾。

(4)防治方法 ①栽培场所远离仓库、禽畜饲养场。②用73%卡死克乳油2 000倍液喷洒，在中午气温高，螨类活动频繁时喷药。再盖上塑料薄膜熏杀，防效好。

附　录

附录 1　干湿温度计的使用方法

1. 使用方法

第一，干湿温度计适宜挂置，不要乱放，并要经常检查是否损坏；如发现损坏，立即更换。

第二，使用前在下面水壶内注入清水，将纱带浸入水壶。

第三，使用时，由于水壶中的水不断蒸发，时间久了会干，湿度计就会失去作用，因此应经常检查和保持水壶中应有足够的水量及清洁。

第四，可用注射器往水壶中注水，容易注入。

第五，各生产厂家制造的干湿温度计略有不同，应按所购买的干湿温度计相对湿度查对表查表说明，此处仅介绍较为通用的一般干湿温度计：

一般正面有 2 支玻璃刻度计，一边为干表温度计，另一边为湿度计，一般均标为摄氏(℃)刻度，也有华氏(℉)的。

2. 查　表

见附表 1。

第一，先看干度计中红色液体上升的最高摄氏度数。

第二，再看湿度计中红色液体上升的最高摄氏度数。

第三，干度计度数减去湿度计度数，即为干湿差度。

第四，以湿度计度数和干湿差度为准，从表上查出从干度表的度数与干湿差度垂直相交处所标数字，即为空气相对湿度的百分值（代表符号为%）。例如，干度计为22℃，湿度计为20℃，干湿差度为22℃－20℃＝2℃。再从表左湿度计为指示温度20℃的横线查至与干湿差度2的垂直相交处，所标数字为“78”，即为空气相对湿度。

附表1　S-51型干湿温度计换算表

温度计指示温度（℃）	干湿差度（℃）							
	1	2	3	4	5	6	7	8
50	94	88	83	78	73	68	63	58
49	94	88	83	77	72	67	62	58
48	94	88	82	77	72	67	62	57
47	94	88	82	77	71	66	61	56
46	94	88	82	76	71	66	61	56
45	94	88	82	76	71	65	60	55
44	94	87	81	76	70	64	60	54
43	94	87	81	75	70	63	59	53
42	94	87	80	74	69	62	58	52
41	93	87	80	74	68	61	57	51
40	93	87	80	74	68	61	56	50
39	93	86	79	73	67	60	55	49
38	93	86	79	73	67	59	54	48
37	93	86	79	72	66	58	53	47
36	93	85	78	72	65	57	52	46
35	93	85	78	71	65	56	51	45
34	92	85	78	71	64	55	50	44

续附表 1

温度计指示温度(℃)	干湿差度(℃)							
	1	2	3	4	5	6	7	8
33	92	84	77	70	63	54	49	42
32	92	84	77	69	62	53	47	40
31	92	84	76	69	61	52	46	39
30	92	83	75	68	60	51	44	37
29	92	83	75	67	59	50	43	36
28	91	83	74	66	58	49	42	34
27	91	82	74	65	57	47	40	32
26	91	82	73	64	56	45	38	30
25	90	81	72	63	55	43	36	28
24	90	80	71	62	53	41	34	26
23	90	80	70	61	52	40	33	24
22	89	79	69	60	50	38	31	22
21	89	79	68	59	48	36	28	20
20	89	78	67	57	47	33	26	18
19	88	77	66	56	45	31	23	17
18	88	76	65	54	43	29	20	
17	88	76	64	53	41	26	17	
16	87	75	62	51	39	23	15	
15	87	74	60	48	37	21	13	
14	86	73	59	46	34	17	11	
13	86	72	57	44	32	14	9	
12	85	71	56	42	30	12		

续附表 1

温度计指示温度(℃)	干湿差度(℃)							
	1	2	3	4	5	6	7	8
11	84	70	54	40	29	9		
10	84	69	52	38	26	6		
9	83	68	50	36	23			
8	82	66	47	34	20			
7	81	64	45	32	18			
6	80	62	42	30	15			
5	79	59	39	27	12			
4	78	57	37	25	10			
3	77	55	34	22	8			
2	76	52	32	19				
1	75	50	29	15				
0	73	47	27	12				

附录 2　水分的严格测定方法

1. 仪器与用具

分析天平(或用可精确称量至 0.01 克的天平),电烘箱,称量瓶(或铝质烘盒),干燥器,坩埚钳。

2. 测定步骤

将称量瓶洗净后,置于 105℃电烘箱中烘干 30 分钟左右，烘至恒重，用坩埚钳取出放入干燥器内冷却，10 分钟后用分析天平称量结果(G_1，克)。

随机抽取 10 克白参菇样品放入已恒重的称量瓶中摊平，加盖，以分析天平精确称量结果(G_2，克)。

揭开称量瓶盖，放入已调节至 105℃的烘箱内，烘 1.5 小时，烘至恒重，盖好瓶盖，移入干燥器中冷却 15 分钟，称量结果(G_3，克)。

3. 计算公式

$$水分(\%)=\frac{G_2-G_3}{G_2-G_1}\times 100\%$$

附录 3　pH 值的测定方法

1. 用　品

1～14 的 pH 试纸或其他精密试纸、小镊子、比色板、试样。

2. 方法步骤

取 pH 试纸一张，一端用小镊子夹住，另一端置于试样里蘸一下，立即与比色板比较色泽，确定 pH 值范围。

若试样本身呈色较深，影响比色，观察时以吸上液体的部分进行比较。

附录4　农药、酒精、盐水等溶液稀释计算方法

1. 十字容量概算法

十字容量概算法，适用于各种农药与溶液稀释计算，但不太准确，不准确的原因是不同溶液混合后的体积并不等于原2种溶液体积之和，而是略有差别。计算方法如下：

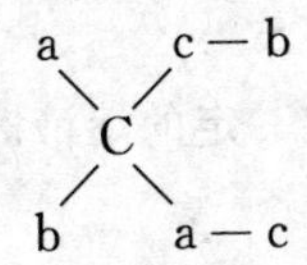

a. 原液浓度

b. 稀释所有溶液浓度，水的浓度为0

c. 所需要的浓度

例如：用95%的酒精溶液来配制70%的酒精溶液。将各数字用上式计算为：

95　　70

　　70

0　　25

即将70毫升95%的酒精溶液加25毫升的水混合，即得70%的酒精溶液。

在用水将浓溶液稀释到稀溶液时，可以直接在量具中稀释，如本例中，在量具中加95%的酒精溶液70毫升后，再加水至95毫升的刻度即可。

用两种不同浓度的溶液配制既定浓度溶液时，如98%的酒

精和50%的酒精溶液配制70%的酒精溶液时，用上式计算为：

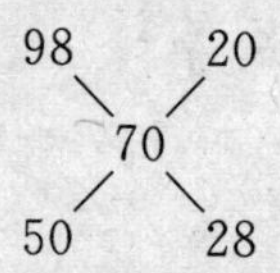

即用98%的酒精溶液20份与50%的酒精溶液28份混合即得70%的酒精溶液。

2. 混合溶液准确计算

某些试验研究，要求配制的溶液浓度十分准确，则用下列公式计算：

第一，两种浓度不同的同种溶液混合成一定的溶液时，计算公式如下：

$$\text{所需加入浓溶液质量}=\frac{\text{稀溶液质量}\times(\text{所需要的浓度}-\text{稀溶液的浓度})}{\text{浓溶液的浓度}-\text{所需要的浓度}}$$

例如：96%的酒精溶液和50毫升20%的酒精溶液混合成40%的酒精溶液：

$$\text{须加}96\%\text{的酒精质量}=\frac{50\times(40-20)}{96-40}=17.86(\text{毫升})$$

第二，浓溶液用水稀释成稀溶液时，计算公式如下：

$$\text{稀溶液质量}=\frac{\text{浓溶液质量}\times\text{浓溶液浓度}}{\text{稀溶液浓度}}$$

$$\text{加水质量}=\text{浓溶液质量}\times\frac{\text{浓溶液浓度}-\text{稀溶液浓度}}{\text{稀溶液浓度}}$$

例如：80毫升95%的酒精溶液，用水稀释成70%的酒精溶液：

$$70\%\text{酒精溶液的质量}=\frac{80\times95}{70}=108.6(\text{毫升})$$

$$\text{加水质量}=80\times\frac{95-70}{70}=28.6(\text{毫升})$$

附录5　高压灭菌时蒸汽压力与温度关系表

详见附表2,附表3。

附表2　蒸汽压力与蒸汽温度关系表

蒸汽压力			蒸汽温度(℃)
千　帕	磅/英寸^2	千克/厘米^2	
0.000	0.000	0.000	100.0
6.895	1	0.070	101.9
13.790	2	0.141	103.6
20.684	3	0.211	105.3
27.579	4	0.281	106.9
34.474	5	0.352	108.4
41.369	6	0.422	109.8
48.263	7	0.492	111.3
55.158	8	0.562	112.6
62.053	9	0.633	113.9
68.945	10	0.703	115.2
75.842	11	0.773	116.4
82.737	12	0.844	117.6
89.632	13	0.914	118.8
96.523	14	0.984	119.9
103.421	15	1.055	121.0
110.316	16	1.125	122.0

续附表 2

蒸汽压力			蒸汽温度(℃)
千　帕	磅/英寸^2	千克/厘米^2	
117.211	17	1.195	123.0
124.106	18	1.266	124.1
131.000	19	1.336	125.0
137.895	20	1.406	126.0
144.790	21	1.476	126.9
151.685	22	1.547	127.8
158.579	23	1.617	128.7
165.474	24	1.687	129.6
172.369	25	1.758	130.4
179.264	26	1.828	131.3
186.159	27	1.898	132.1
193.053	28	1.969	132.9
199.948	29	2.039	133.7
206.843	30	2.109	134.5

说明:1 磅/英寸^2=0.070 307 千克/厘米^2=6.894 76 千帕

附表 3　空气排除程度与温度的关系表

压力(千帕)	压力锅内温度(℃)				
	未排空气	排除 1/3 空气	排除 1/2 空气	排除 2/3 空气	排净空气
34.3	72	90	94	100	109
68.6	90	100	105	109	115
103.0	100	109	112	115	121
138.3	109	115	118	121	126
172.6	115	121	124	126	130
207.0	121	126	128	130	135

附录 6 培养料加水量

详见附表 4。

附表 4 培养料加水量表

要求的含水量(%)	每 100 千克干料应加水(升)	料水比(料：水)	要求达到的含水量(%)	每 100 千克干料应加水(升)	料水比(料：水)
50.0	74.0	1∶0.74	58.0	107.1	1∶1.07
50.5	75.8	1∶0.76	58.5	109.6	1∶1.10
51.0	77.6	1∶0.78	59.0	112.2	1∶1.12
51.5	79.4	1∶0.79	59.5	114.8	1∶1.15
52.0	81.3	1∶0.81	60.0	117.5	1∶1.18
52.5	83.2	1∶0.83	60.5	120.3	1∶1.20
53.0	85.1	1∶0.85	61.0	123.1	1∶1.23
53.5	87.1	1∶0.87	61.5	126.0	1∶1.26
54.0	89.1	1∶0.89	62.0	128.9	1∶1.29
54.5	91.2	1∶0.91	62.5	132.0	1∶1.32
55.0	93.3	1∶0.93	63.0	135.1	1∶1.35
55.5	95.5	1∶0.96	63.5	138.4	1∶1.38
56.0	97.7	1∶0.98	64.0	141.7	1∶1.42
56.5	100.0	1∶1.00	64.5	145.1	1∶1.45
57.0	102.3	1∶1.02	65.0	148.6	1∶1.49
57.5	104.7	1∶1.05	65.5	152.2	1∶1.52

注：1. 风干培养料含结合水按 13%计

2. 每 100 千克干料应加水量(升)＝[(含水量－培养料结合水)/(1－含水量)]×100%

参考文献

[1] 黄年来.中国食用菌百科[M].北京:中国农业出版社,1993.

[2] 林树钱.中国药用菌生产与产品开发[M].北京:中国农业出版社,2000.

[3] 张学敏,杨集昆,谭琦.食用菌病虫害防治[M].北京:金盾出版社,2000.

[4] 陈士瑜,陈惠.菇菌栽培手册[M].北京:科学技术文献出版社,2003.

[5] 农业部农民科技教育培训中心,中央农业广播电视学校.药用真菌高效生产新技术[M].北京:中国农业出版社,2006.

[6] 丁湖广,丁荣峰.15种名贵药用真菌栽培实用技术[M].北京:金盾出版社,2006.

[7] 朱泉娣.裂褶菌子实体无机元素分析[J].中草药,1986,17(8):17-18.

[8] 李兆兰.裂褶菌深层培养及多糖测定[J].真菌学报,1987,6(3):172.

[9] 曾素芳.裂褶菌的培养研究[J].中国食用菌,1990,9(3):10-11.

[10] 王风仙.三十烷醇提高裂褶菌深层培养菌丝产量的研究[J].中国食用菌,1990,9(6):17.

[11] 夏冬,李兆兰.裂褶菌胞内多糖和胞外多糖对小鼠免疫功能的影响[J].药学学报,1990,25(3):161-166.

[12] 李兆兰，陈军，李学信．裂褶菌胞内和胞外多糖的组成及几种理化性质的分析[J]．南京大学学报，1991，27(1)：144.

[13] 胡德群，胡鸣．裂褶菌多糖的研究[J]．四川中草药研究，1994，(36)：21-23.

[14] 钱秀萍，杨庆尧．几种营养条件对裂褶菌生长及产L-苹果酸的影响[J]．食用菌学报，1996，3(3)：18-24.

[15] 赖晓莺，彭大为．裂褶菌多糖治疗恶性肿瘤放、化疗白细胞减少 30 例[J]．实用中西医结合杂志，1996，9(4)：242.

[16] 江学斌．裂褶菌深层培养的研究[D]．硕士学位论文．华南理工大学，1996.

[17] 张昕．裂褶菌多糖对小白鼠巨噬细胞吞噬活性影响的试验研究[J]．天津教育学院学报(自然科学版)，1997，(1)：18-19.

[18] 李慧，李兆兰．白参菇胞外多糖的结构及性质研究[J]．曲阜师范大学学报，1998，24(4)：100-104.

[19] 郭胜伟，蔡宝昌．白参菇多糖的提取及含量测定[J]．时珍国医国药，2001，12：1065-1067.

[20] 冀颐之，迟文鹤，杜连祥．裂褶菌胞外多糖发酵条件的研究[J]．药物生物技术，2003，10(1)：17-21.

[21] 刘春静，庄严，孙向前，等．辽宁李属等苗木边材腐朽病研究初报[J]．林业科学研究，2003，16(6)：783-785.

[22] 赵琪，袁理春，李荣春．裂褶菌研究进展[J]．食用菌学报，2004，11(1)：59-63.

[23] 陈文强，邓百万，彭浩，等．碳源和氮源对裂褶菌菌丝生长影响的研究[J]．中国食用菌，2004，23(6)：16-18.

[24] 胥成浩,陈文强,邓百万.裂褶菌母种培养基筛选研究[J].中国食用菌,2004,23(6):18-19.

[25] 万勇.裂褶菌的驯化栽培试验[J].食用菌,2004,26(5):10.

[26] 郝利民,邓桂芳,李政,等.5种因子对裂褶菌菌丝生长及胞外多糖产生的影响[J].食用菌发酵工业,2004,30(8):75-77.

[27] 王振河,霍云凤.裂褶菌及裂褶菌多糖研究进展[J].微生物杂志,2006,26(1):73-76.

[28] 丁湖广.白参菇及其多层次立体栽培技术[J],食用菌,2006(增刊):34.

[29] 常景玲,李 慧,潘静.裂褶菌胞外多糖发酵工艺的优化[J].食用菌,2006(增刊):78-80.

[30] 李竹英,毛绍春.裂褶菌的规模化栽培技术[J].安徽农业科学,2007,35(3):700,711.

[31] 陈英林.裂褶菌主要病虫害防治技术初步研究[J].中国食用菌,2005,24(1):49-52.

[32] 张英.中药药渣栽培裂褶菌试验[J].食用菌,2007(1):29.

[33] 郝瑞芳,李荣春.不同配方培养料栽培裂褶菌的试验[J].食用菌,2007(2):25-26.

怎样提高养奶牛效益 11.00 元
怎样提高养肉鸡效益 12.00 元
怎样提高养獭兔效益 8.00 元
怎样提高养鸭效益 6.00 元
怎样提高养猪效益 11.00 元
怎样提高养狐效益 13.00 元
怎样提高养貉效益 11.00 元
怎样提高养水貂效益 11.00 元
怎样提高大豆种植效益 10.00 元
怎样提高玉米种植效益 10.00 元
怎样提高苹果栽培效益 13.00 元
怎样提高梨栽培效益 7.00 元
怎样提高桃栽培效益 11.00 元
怎样提高猕猴桃栽培效益 10.00 元
怎样提高甜樱桃栽培效益 11.00 元
怎样提高枣栽培效益 10.00 元
怎样提高山楂栽培效益 12.00 元
怎样提高板栗栽培效益 9.00 元
怎样提高核桃栽培效益 11.00 元
怎样提高葡萄栽培效益 12.00 元
怎样提高龙眼栽培效益 7.50 元
怎样提高杧果栽培效益 7.00 元
怎样提高番茄种植效益 8.00 元
怎样提高辣椒种植效益 8.00 元
怎样提高大白菜种植效益 7.00 元
怎样提高马铃薯种植效益 8.00 元
怎样提高黄瓜种植效益 7.00 元
怎样提高茄子种植效益 10.00 元
怎样提高甘蓝花椰菜种植效益 9.00 元
怎样提高甜瓜种植效益 9.00 元
怎样提高种西瓜效益 8.00 元
怎样提高蘑菇种植效益 9.00 元
怎样提高香菇种植效益 12.00 元
柿病虫害及防治原色图册 12.00 元
辣椒病虫害及防治原色图册 13.00 元
番茄病虫害及防治原色图册 13.00 元
茄子病虫害及防治原色图册 13.00 元

以上图书由全国各地新华书店经销。凡向本社邮购图书或音像制品，可通过邮局汇款，在汇单“附言”栏填写所购书目，邮购图书均可享受9折优惠。购书30元(按打折后实款计算)以上的免收邮挂费，购书不足30元的按邮局资费标准收取3元挂号费，邮寄费由我社承担。邮购地址：北京市丰台区晓月中路29号，邮政编码：100072，联系人：金友，电话：(010)83210681、83210682、83219215、83219217(传真)。